U0340159

浪花朵朵

如果你在自习时看这本书，
千万忍住不要笑出声

化学笑着学

[英]汤姆·惠普尔 著
[英]詹姆斯·戴维斯 绘

张爱冰 译

海峡出版发行集团 | 海峡书局
THE STRAITS PUBLISHING & DISTRIBUTING GROUP

目录

关于这本书

我真的还需要另外一本化学教材吗?

不需要哦。你那本就很好了。我相信它包含了应付考试所需要的所有知识点。不过……

不过什么?

好吧。我相信,在书上关于酸和碱的那一章,你会读到:

酸的特征体现在一定浓度的氢离子(H^+)。

而碱的特征体现在一定浓度的氢氧根离子(OH^-)。

酸和碱发生化学反应生成盐和水。

这些都是正确的,也是你需要知道的知识。

太棒了,那我再把它读一遍。

当然可以。但老实说——这其实挺难的。

化学是一门奇妙的学科。它讲述了我们所在星球的每一块积木是如何搭建在一起并拼凑出我们眼前所看到的奇妙又复杂的一切。化学对我们理解这个世界至关重要。

不过，有些时候，它也非常难。

那这本书就不难了吗？

我希望不是这样。譬如，还记得我刚才提到的氢离子（H^+）吗？多亏了它，一位丹麦的科学家才保住了两块诺贝尔奖章——也是因为它，埃及艳后克利奥帕特拉才能举办盛大奢华的晚宴。

我想，当你了解了科学知识背后让人拍案叫绝的故事以后，你就能更加轻松地记住这些知识。

那氢氧根离子（OH^-）呢？也有这样的逸闻趣事吗？

嗯……如果你是位罗马将军的话，你可以用它使敌人失明。

知道这些对我来说真的能派上用场吗？

当然！因为这背后的原理也许刚好能解释你在考试中需要掌握的某些化学知识。

所以说这本书非常有用，就是因为它讲述了一堆关于铺张挥霍的大型晚宴和残酷将军们的故事？

正确！

嗯……远不止这些，还有精力充沛又健硕的灌丛火鸡，充满臭屁的气球……以及化学家会引发外星人入侵从而导致地球上所有生命走向毁灭的可能性。

你这又说到哪里去了？

重点是，这本书并不能代替你的复习教材，但能成为你复习过程中的得力助手。

它会告诉你我们人类是如何以及为何发展到今天的——同时希望它也能帮助你记住那些最重要的细节。

重要的细节是指？

比如阿伏伽德罗常数是 $6.02214076 \times 10^{23} \text{mol}^{-1}$。

有了它科学家才能创造出世界上最光滑的物体：一颗闪亮的黑色球体。

怎么和你形容它的光滑程度呢？如果它是一个像地球一样大小的星球，那么它最高的山脉和最深的海洋的高度差只有 5 米。

这本书里会有很多跟你说的这种球体一样令人傻眼的怪异方程式吗？

不会有很多。放心吧，至少不会像课本里那样多。

这本书的每一章都与你在学习化学的过程中遇到的某个核心主题密切相关。你读完后就相当于复习了学校里的所有化学课程，同时巩固并深化了你已掌握的化学知识。

这可太棒了！方程式什么的，再见吧！

这怎么可以！教科书，还有老师，可都是良师益友！他们有太多知识能够传授给你！

但有的时候他们只是把知识传授给你，并不总是能分享知识背后这些关于人的故事：那些看得更远、思考得更深，并且辛勤工作或者（我只是打个比方）曾经利用化学原理摧毁了附近村庄的人们。

想了解这些，这本书就能大派用场了。

好了好了，赶紧打开第一章——外星人要来喽……

元素周期表

本章介绍
元素周期表

本章你将学到：

- 原子的构成以及原子之间的不同之处
- 同一类原子的总称——元素
- 为元素排列次序的元素周期表
- 由性质相似的元素组成的"族"
- 由原子通过化学键结合在一起的化合物

在开始阅读本章之前：

　　这些问题的答案都是什么呢？你敲击的木门由什么组成，你用来敲门的指关节骨是怎样的构造？是什么让水保持液态，又是什么决定了橙子就是橙色的？

　　构成这个宇宙的基石到底是什么？

　　事实证明，我们身处的这个世界不仅仅由一种单位构成。

组成摩天大楼窗户玻璃的基本单位和用来固定玻璃窗的钢架的基本单位就是不一样的。

乐高玩具中的每一块积木当然也和现实生活中搭造建筑用的砖石不是一码事。

像乐高积木一样，我们的世界存在着各式各样的"砖石"，每一块都能用来组成某种错综复杂的结构，从你铅笔里的碳到原子弹中极不稳定的铀，我们都称它们为"物质"。

这一章我们将了解到这些名叫"原子"的基本单位之间有着怎样的关系。这是本书篇幅最长的一章，也许你也会觉得它最难懂——但它真的极其重要，因为这一章是学习后面所有内容的基础。

你将学习到关于元素的许多知识：是什么让各个元素如此不同，又是什么让同族的元素具有相似的化学性质，是怎样的规律将它们联结在一起，我们怎样才能找寻到其中的规律，而这一切都促成了现代化学的诞生。

在这本书的最后，你可以找到一张详细的元素周期表以及关于表中每一"族"的具体信息，这些都可以作为参考。

元素周期表

有个名叫道格拉斯·凡柯的人，他的工作是向外星人发送信息并与他们进行交流。

这可不是一项简单的工作。想要与未知的外星文明进行沟通，就必须运用到一种共通语言。另外，共通的知识基础也不可或缺。那可是外星人啊。

作为外星智能通讯（Messaging Extra-Terrestrial Intelligence，简称METI）团队的负责人，凡柯认为自己已经知晓了什么是人类与外星人之间的共通语言。只要他拿到官方批准，就会开始着手信息的传送，他要发射一个强烈的无线电信号，将已准备好的信息传达给我们的宇宙邻居。这条信息以1和0的二进制形式发送，只要是了解科学的人就都能准确无误地理解信号中所包含的信息。这是一条由一串化学元素（也就是搭建出我们周围世界的一块块积木）编码组成的信息，从氢开始，以氮结束，按原子序数的顺序一一列出。这就是所谓的元素周期表。

凡柯为什么偏偏选中了化学元素作为这条特别的信息？那是因为，我们人类与外星人的

道格拉斯·凡柯

共通之处也许寥寥无几，但恰好
化学元素是其中之一。

　　半人马座 α 星上的铁与英国城市德罗伊特
威奇的一模一样，X 行星上的氢气也和我们地球上的毫无
二致。

　　在凡柯看来，展示我们对这些元素以及它们在宇宙中
如何组织的了解，将成为我们宣布加入宇宙社区的方式。

　　这条信息将告诉可能存在的外星文明，我们人类拥有
智慧和先进的科学技术，并做好了与他们对话的准备。

　　既然如此，他为什么还不发送，在等什么呢？

　　这可不是因为有科学家怀疑先进的外星文明可能对化
学元素一窍不通，而是因为迄今仍存在一些（说得委婉些）
异议：向外星人透露我们的位置是否真的明智？

　　来自英国圣安德鲁斯大学的天文学家马丁·多米尼克
指出，直接告诉拥有超高等智慧的外星文明我们的具体位
置可能不是个好主意。

　　多米尼克说道："有人认为这是我们应该尝试去做的最
伟大的事情，可也有人认为我们需要保持低调，不会有比
主动暴露我们自己的位置信息更傻的事了，后果简直不堪
设想。"

　　为什么会这样？

　　"也许，"多米尼克说，"他们会朝我们进攻并吃掉我们。"

起源小故事

所有伟大的科学发现背后都有一段传奇的故事。

牛顿发现了万有引力，靠的是随苹果一同从树上坠落下来的灵感。而阿基米德原理的提出源于他踏进浴盆那一刻得到的启发。阿基米德顿悟，他兴奋地跳出浴盆，跑到大街上，一路狂奔，嘴里还喊着："找到啦！"

元素周期表的发现是如此重要，足以让我们说起两段故事。

一个故事是，一位生活在19世纪的俄国人德米特里·门捷列夫制作了一套特殊的卡片，这套卡片后来成为我们所知道的元素周期表。

门捷列夫，一位致力于改进并完善俄国化学工业的教授，痴迷于如何将化学元素按照正确的逻辑顺序进行排列。

在一次长途火车旅行中，他随身带了63张成一套的卡片，卡片上写着所有已知的化学元素，从氢到铋。他尝试着将卡片按正确的顺序排列，先不管它具有什么意义，总之就像是一种"化学卡牌游戏"。

最终，在一次奶酪工厂的视察中（显然，与这份工作相比，他更喜欢"打牌"），元素周期表从他的卡牌游戏中诞生了。

德米特里·门捷列夫

而另一个故事的说法是，并不是卡片给了他答案，而是他的潜意识。

经过多年对化学元素的痴迷，有一天他睡着了，醒来后说道："我做了一个梦，梦中我看到了一张表格，所有的元素都被按照某种顺序排列在上面。"然后他立马将这个表格记录在纸上。这就是元素周期表。

不论哪种说法是正确的，或者也许两者都没错，这都不重要，重要的是这些故事想要传达给我们什么。

第一个故事告诉我们这个表格拥有合乎逻辑的排序，同时也告诉我们，在出现元素周期表之前，这些杂乱无章的元素们是一个需要解决的难题。

而第二个故事告诉我们：元素周期表只是一项探索发现，并不是发明创造。

化学家们认为，元素周期表包含着一个来自大自然的基本真理，它的真实性就像 10 的平方永远等于 100 一样，亘古不变。

这也是为什么他们会认为，就算我们去外星球上化学课，这些化学元素也许会有不一样的名字，但不变的是，它们在外星球同样存在着，以同样的方式和顺序排列成族，

并且依然被展示在一张挂在墙上的逐渐褪色的图表上。

元素周期表并不仅仅是对化学进行组织的"一种"方式，还是唯一的方式。

想知道为什么的话，就一定要先了解它所包含的这些元素。

但要想明白元素，就需要先了解构成元素的东西，也就是原子。

元素周期表

族

原子序数 →

	H ← 元素符号
	氢 ← 元素名称

1	2		3	4	5	6	7	0
1 H 氢								2 He 氦
3 Li 锂	4 Be 铍		5 B 硼	6 C 碳	7 N 氮	8 O 氧	9 F 氟	10 Ne 氖
11 Na 钠	12 Mg 镁		13 Al 铝	14 Si 硅	15 P 磷	16 S 硫	17 Cl 氯	18 Ar 氩
19 K 钾	20 Ca 钙	21 Sc 钪 ... 30 Zn 锌	31 Ga 镓	32 Ge 锗	33 As 砷	34 Se 硒	35 Br 溴	36 Kr 氪
37 Rb 铷	38 Sr 锶	39 Y 钇 ... 48 Cd 镉	49 In 铟	50 Sn 锡	51 Sb 锑	52 Te 碲	53 I 碘	54 Xe 氙
55 Cs 铯	56 Ba 钡	57-71 La 镧系 ... 80 Hg 汞	81 Tl 铊	82 Pb 铅	83 Bi 铋	84 Po 钋	85 At 砹	86 Rn 氡
87 Fr 钫	88 Ra 镭	89-103 Ac 锕系 ... 112 Cn 鿔	113 Nh 鿭	114 Fl 鈇	115 Mc 镆	116 Lv 鉝	117 Ts 鿬	118 Og 鿫

过渡元素区：

3	4	5	6	7				8	9	10	11	12
21 Sc 钪	22 Ti 钛	23 V 钒	24 Cr 铬	25 Mn 锰	26 Fe 铁	27 Co 钴	28 Ni 镍	29 Cu 铜	30 Zn 锌
39 Y 钇	40 Zr 锆	41 Nb 铌	42 Mo 钼	43 Tc 锝	44 Ru 钌	45 Rh 铑	46 Pd 钯	47 Ag 银	48 Cd 镉
57-71 La 镧系	72 Hf 铪	73 Ta 钽	74 W 钨	75 Re 铼	76 Os 锇	77 Ir 铱	78 Pt 铂	79 Au 金	80 Hg 汞
89-103 Ac 锕系	104 Rf 鑪	105 Db 𬭊	106 Sg 𬭳	107 Bh 𭖃	108 Hs 𬭶	109 Mt 䥑	110 Ds 𫟼	111 Rg 𬬭	112 Cn 鿔

镧系、锕系：

57 La 镧	58 Ce 铈	59 Pr 镨	60 Nd 钕	61 Pm 钷	62 Sm 钐	63 Eu 铕	64 Gd 钆	65 Tb 铽	66 Dy 镝	67 Ho 钬	68 Er 铒	69 Tm 铥	70 Yb 镱	71 Lu 镥
89 Ac 锕	90 Th 钍	91 Pa 镤	92 U 铀	93 Np 镎	94 Pu 钚	95 Am 镅	96 Cm 锔	97 Bk 锫	98 Cf 锎	99 Es 锿	100 Fm 镄	101 Md 钔	102 No 锘	103 Lr 铹

原子，以及元素周期表为什么是正确的？

当门捷列夫创建这张元素周期表的时候，化学家们并不能够解释它为什么是对的且有很大用处：他们只知道不管怎样这张表着实好用。

元素周期表向我们揭示了一个更深层次的真相，就是物质的本质。

那时的科学家们认为我们能找到的物质的最小组成单元是原子————一种定义物质的微小颗粒，你可以理解为一种极小的化学尘埃，每一种元素都拥有不同的且不可分割的原子。

我们现在知道，原子并不是最小的。它由三种更小的东西构成，我们称它们为质子、中子与电子。

此外，这些相同的粒子出现在所有元素中[*1]，但是它们出现的数量不同（其实并不完全是这样——更多细节请参见第226页。也请你务必注意其余带编号的注脚哦）。

元素碳（也就是铅笔中的黑色物质）的原子与元素氧（我们呼吸的气体）的原子并没有太大的区别。碳有质子、中子和电子各6个，而氧每种各有8个。

简单一点来说[*2]，我们通常认为原子拥有一个团状的核心，这个核心也被称作原子核，它包含了质量大致相同的不带电的中子和带正电的质子。

围绕轨道分布的电子带负电，且几乎没有任何质量。

电子与质子的数量是相同的，它们的电荷刚好相互抵消……这样一来，原子既不带正电，也不带负电。

在这个酷似微型太阳系的结构中，电子拥有自己的轨道，就像行星一样。在化学中，我们称这些"轨道"为"电子层"。

然而电子层很快就能被装满。打个比方说，如果地球和火星以相同的距离环绕太阳运转，轨道的空间就会不够用；同样的道理也适用于电子，例如第一层电子层只能装得下2个电子。

如果一个原子还有多余的电子，就需要让它们去填满距离原子核更远的第二层电子层，在那里可以装下8个电子。

再下一层，也就是第三层电子层，同样能容纳8个电子。[*3]

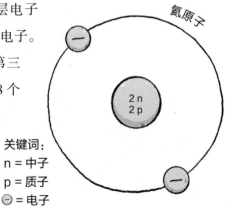

氦原子

2 n
2 p

关键词：
n = 中子
p = 质子
⊖ = 电子

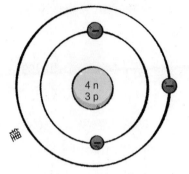

锂

这也就意味着，拥有 3 个电子的锂的第一层电子层是填满的状态，它的第二层电子层里则装着余下的那个电子。

同样，钠拥有 11 个电子，于是它的第一层和第二层电子层都是填满的状态，剩下 1 个电子在第三层电子层。

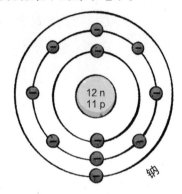

钠

元素

元素是同一类原子的总称——那时的门捷列夫并没有真正理解原子到底是什么。

化学中的元素就相当于生物学中的物种。

生物学家将物种分类：例如老虎、狮子、猎豹，包括你那只"傲娇"的胖虎斑猫都被一同归类为猫科动物；鲨鱼、金鱼和其余拥有鳍和鳃的生物被归为一纲，统称为"鱼"。

同理，在化学中，我们也需要将元素按照某种方式进行归类划分。于是门捷列夫面临的问题便是：如何来进行这项工作呢？

在门捷列夫之前的几个世纪里，人们就已经开始致力于探索并试图弄清元素的意义了。

最早以单质形式被发现的元素是金、银、铜、铅这类金属，它们对古代的经济起着至关重要的作用。金属中的铁，更是有着关键性的地位，它甚至定义了一个全新的时代：铁器时代。

到了 19 世纪初，更多奇异罕见的元素被添加到周期表中。来自世界各地实验室的化学家们争先恐后地寻找新元素，并获得命名它们的荣誉。

很快，每年都会出现一些新元素：钒、铍、钽、铌……

但仅仅这样不算是化学，而是集邮。这就好比我们发现了一只老虎，却不知道它与狮子其实非常相似。很明显，科学家们需要发现的是某些固定的特征与规律。

元素具有不同的"性质"，这意味着它们的外观看起来不同或者各有不同的表现。

有些元素是金属，它们有着漂亮的光泽并能导电。

有些则是气体，且从未发生化学反应——这意味着它们不会与其他原子结合。

有些元素一旦与水接触便会着火，有些甚至不会褪色。

在梦中，或者在他的火车旅行中，门捷列夫发现了一个规律。

如果将元素按重量从最轻到最重排序——每排好七个之后，就另起一行（就像打字机打字到达纸尾一样！）——同一纵列的元素们似乎拥有相同的性质。

有时，为了能正确排列元素，门捷列夫会为他认为还未被发现的元素留下空白位置——你知道有比他更自信的人吗？

这些空白的位置后来逐渐被新发现的元素填满。在门捷列夫最初只有63个元素的元素周期表的基础之上，至今已增添进去50多个新的元素。

他还创建了一个第"0"纵列来排列稀有气体——这是一组非常不活泼的气体——甚至当时人们都还没有发现这些气体。

这些纵列或"族"透露给我们非常重要的信息。

让我们再回到"动物分类"的概念。对于生物学家来说，动物中有一部分被称作哺乳动物，它们是胎生的[*4]，并会给幼崽哺乳。而对于化学家来说，他们有第1族元素，它们柔软、活泼且密度不大。

生物学家还把一些动物称作爬行动物，它们冷血，身上长有鳞片。而化学家也划分出了第 0 族元素，它们是很难进行化学反应的稀有气体，且无法点燃。

这样的例子还有很多很多！

瞒天过海

门捷列夫的元素周期表并不完美，有时也会让他焦虑，以至于他不得不稍微做一些调整。

例如，他互换了碘和碲的位置，尽管它们的重量暗示着一开始的排序没有任何问题，门捷列夫仍然希望碘与氟和氯属于同一组。碘、氟和氯的化学性质都很相似——例如它们的熔点和沸点都较低。

门捷列夫当时并不知道这背后其实有一个更好的解释——它告诉了我们一个关于原子更深层次的真相。

因为实际上，元素周期表应该按照"原子序数"——也就是原子核中的质子数，而不是原子质量来排序。

当然了，当时的门捷列夫并不知道原子中还包含着其他粒子。

质量数

"质量"是"重量"的另一种叫法 *——一个氢原子的质量为 $1.6737236 \times 10^{-24}$ 克，而一个碳原子的质量为 $1.992646547 \times 10^{-23}$ 克。

这是极其小的数目。真的，极其小。

如果你想完整地写出氢原子的质量也可以，不过一定要瞧仔细了哦：0.0000000000000000000000016737236 克。

就算我们给地球上的每个人一个氢原子，并且假设有一千个地球，这么多的氢原子加在一起，质量也仍然只有一颗微小尘埃的千分之一。

实话实说，这些数并不好处理。所以化学家们干脆选择直接避开它们。

取而代之的则是质量数，也就是每个原子内中子和质子的总数量。由于两种粒子的质量基本相同，而电子基本上不具有任何质量，所以，用质量数来表示原子的质量，在某些情形下也是可行的。

---

*好吧，严格来说（因为这句话有可能让你的化学老师和物理老师大为恼火），是过去人们这么认为，它们其实不是一回事。质量是物质固有的物理属性，而重量与地球引力有关。比如在太空中，我们可以处于失重状态，也就是没有重量，但我们自身的质量并没有消失。

更重要的是，它也让很多计算变得一目了然。如果运用这个方法，碳是 12，氢是 1，氧是 16——这样一来，事情一下子就变得简单多了！[*5]

这也是门捷列夫偶然间发现的：钠和锂虽然重量不同，但性质相似，所以它们在元素周期表中应该属于同一"族"。

这背后的真正原因是两个元素的最外电子层中都只有 1 个电子——不过这是门捷列夫在他这张具有巨大创新性的表格上[*6]凭直觉开始排列新的一行元素时无法得知的事情。

第 2 族元素的最外层电子数为 2，而第 3 族元素的最外层电子数为 3，依此类推。

正是这些外电子层的电子或所谓的"价"电子决定了元素的化学性质与反应特点，尤其是它们在化学反应中的活跃性。

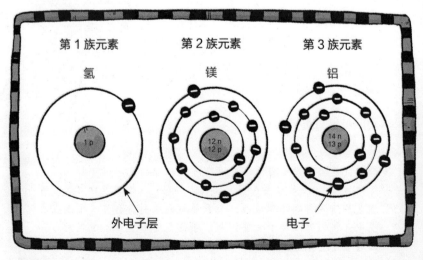

元素的化学性质

你问什么是元素的化学性质？说真的，你应该这样问：它会做些什么有趣的事？

举个例子，如果你将一块钾放入水中，那可就好玩了。它会冒烟并发出"咝咝"的声音。伴随着淡紫色的火焰，钾慢慢燃烧殆尽。

在这场精彩表演结束之时，钾原子已经与水中的一些氢原子和氧原子结合，生成了氢氧化钾。

相比之下，如果你把一块铁放在水中，那就远远没这么有趣了。铁块只会生锈——整个过程非常非常缓慢。

随着时间慢慢推移，铁原子与氧原子结合，形成氧化铁。

上面所说的两种情况，都是一种元素与另一种元素结合，换句话说，这中间发生了"化学反应"。

浮到
水面

钾（生成氢氧化钾）

铁（逐渐生锈）

化学反应并不是元素可以做到的唯一有趣的事情。

例如，如果你将手指伸进插座（请你千万不要这样做！），你的身体会开始摇晃，头发竖起，再有一会儿你可能就永远离开这个世界了。这一切都是因为一种叫作铜的元素，它也很有趣。

铜的特性之一是它的导电性——在上面那种情况下，它以电线的形式，将电从发电站传导进你的身体。

而我们感兴趣的第三件事情便是元素在什么时候沸腾或熔化。

例如，铁在历史上一直被用来铸造宝剑——因为铁通常以固体形式存在。如果它不是固体的，那么铸出的剑就可以直接当作废品被回收了。

将铁加热到一定温度，它便会一点点变软直至熔化。除此之外，是很难用固体的铁造出一把利剑的。

在其他星球上，也许能使用氧气做出一把好剑（不过在那里可就没有像我们地球上那样真正适合呼吸的气体了）。不过，能使氧气足够冷以至于变成固态的必要条件是：这个星球必须要比冬天的南极还冷 150 摄氏度。

元素在什么情况下会变成液态或气态是一个非常重要的化学性质，我们知道这一点大有用处，起码可以避免说用空气造剑这样的尴尬错误了。

稀有元素

有些元素很难找到。以钷——第 61 号元素为例。

这个元素的英文名称 promethium 来自普罗米修斯，他是神话中一个被囚禁于山顶上的人物。每天晚上，一只老鹰都会来啄食他的肝脏；而每一天，他的肝脏也都会重新生长出来：同样的惩罚日复一日，周而复始。

这名字取得恰到好处。

据估计，自然界中钷极为稀少，因为这个元素极不稳定。它可以在同样不稳定的铀裂变的过程中产生。然而，一旦钷出现，它的原子就想分裂得更小——它也确实是这么做的。

不过与此同时，越来越多的钷通过铀裂变生成——就像普罗米修斯的肝脏一样。

这一切意味着，在任何时

候，地球上都存在着大约 500 克的锝……或者说，大约相当于半个肝脏重量的锝。

化合物

这个世界不仅仅是由同种元素（单质）构成的，它更多是由不同元素组成的物质（化合物）构成。从海水中的 H_2O 到溶解在其中的盐 $NaCl$，我们的星球由各种各样的化合物组成。

下一章我们将学习更多关于化合物的内容，不过有一点是值得我们现在就去了解的，两个元素的结合方式是由它们在元素周期表中所属的族决定的。例如，氧来自第 6 族。这意味着它最外层电子层的电子与排满电子层的 8 个电子相比，少了 2 个电子。再比如，钾是来自第 1 族的元素，也就是说，它的最外层电子层中只有 1 个电子。

将这两种元素放在一起，它们将结合形成一种单一化合物——氧化钾。在这种化合物中，每 2 个钾离子连接着 1 个氧离子。

　　每个氧原子都会从 2 个钾原子那里借用分享的电子以填满它自己的电子层。

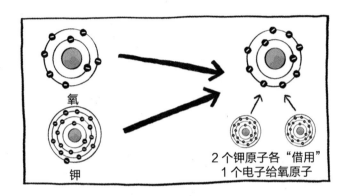

2 个钾原子各"借用"
1 个电子给氧原子

　　那为什么钾原子会借给氧原子电子呢？为什么这些电子是可以借的呢？换句话说，为什么原子更倾向于填满自己的电子层呢？

　　还有，为什么一个"完整"电子层的定义会发生变化——例如，第一层电子层中是 2 个电子，接下来的两个电子层中都是 8 个电子？

　　好吧，说真的，我们不能再将原子视为一个微型太阳系了，而是应该开始将它们想象成空旷空间里奇怪的非轨道电子层中的波函数（参见第 226 页）。

　　或者，你也可以只听老师对这个主题的讲解。

同位素

1988 年，罗马教廷的一名工作人员用刀从都灵裹尸布上剪下一小块，然后将取下的样本送往了三个实验室。

都灵裹尸布是天主教堂中最神圣的物品之一。对于信徒来说，它就相当于耶稣的形象。它虽然只是一块简简单单、就像任何其他亚麻布一样由植物制成的布，但人们相信它正是耶稣死后用来包裹遗体的那块裹尸布，甚至还能隐隐约约看到残留在这张布上的面孔，而这也被视为上帝之子本人的脸庞。

但这块裹尸布真的来自近两千年前吗？一种找到答案的方法便是查阅历史记录。

我们已经得知，这块裹尸布在都灵保存了 500 年。而在此之前，最早的记录是 1204 年在君士坦丁堡的一次目击事件——一名十字军骑士声称他在掠夺一座教堂时看到了"包裹着主的裹尸布"。

　　不过历史记录也并不一定准确。好在，我们还有更可靠的帮手，碳——准确地说，是碳同位素。

　　一种元素是由它所拥有的质子数来定义的，但它的中子数量就不一定永远不变了。

　　同位素指的便是来自同一元素，却拥有不同中子数量的原子。我们来举个例子，最常见的碳具有 6 个质子和 6 个中子。这种碳被称为碳 12，因为它的原子量为 12（6 个质子 + 6 个中子）。

　　然而，世界上还存在许多其他类型的碳。例如碳 13，它有 7 个中子。还有一种更为罕见的碳 14，它有 8 个中子。

　　所有这些碳同位素的化学性质看起来都差不多。它们都会与氧气结合产生二氧化碳，接着在光合作用过程中被植物吸收，然后被用来促进茎和叶的生长。

　　但我们可千万不能被表象蒙骗了：它们真的各不相同。

碳 12 是我们随处可见的一种碳元素的形式。碳 12 是一种非常靠谱而又特别稳定的元素形式，它构成了钻石——正是詹姆斯·邦德系列电影中提到的永恒的钻石。

不同于碳 12，碳 14 就不够稳定了。碳 14 是由一种来自太阳的超速粒子在高层大气中与氮原子碰撞产生的……然而，这种碳的形式不会保持很久。相反，它会立即开始衰变——释放出放射线，最后完全转变成另外一种元素：氮。

这个过程并不快。如果你无意中得到了一根由碳 14 制成的铅笔芯，它不会突然就消失了，甚至可能需要花上几个世纪的时间，你才能察觉到变化。但在几万年后，这根铅笔中的石墨就会像上面所说的一样，完全转变成另外一种元素——氮。

这就是碳 14 如此有用的原因。在你的铅笔中发生着的事情，也同样在植物中进行着。它们所摄取的那很小一部分的碳，也就是碳 14，会慢慢消失，而碳 12 则不会。

这就意味着我们可以通过测量植物制品样本（例如裹尸布）中所含碳 14 与碳 12 的比例计算出它的年龄。与碳 12 相比，碳 14 越少，它的年代就越久远。

这就是当时的实验室用裹尸布的一块小小的边角所做的事情。他们将结果送到罗马教廷：这块裹尸布可以追溯到 14 世纪。

它不仅不可能包裹在耶稣的遗体上，也不可能是 1204 年被目击到的那块。

所有这一切都说明了一个事实——不要再盲目相信一个忙着寻找战利品的骑士了。

质量数（再巩固一次！）

原子量是一种化繁为简的好办法。有了它，我们就不再需要一长串令人困惑的数字来表示元素的原子质量了，简简单单的整数就可以替代，做质量比较的时候也会轻松得多。

那么，为什么元素周期表中碳的官方原子量会是 12.011 呢？

答案又是同位素。元素周期表告诉我们的是一个平均的原子量数值，世界上大多数碳以碳 12 的形式存在，碳 13 比较少见，碳 14 更少见。

总之，这意味着所有碳原子加起来的平均原子量略大于 12。

如果我们将元素周期表实体化……

元素周期表是一个无比奇妙的发现。如果它不仅仅是化学教室墙上挂的一张图表，而是真正存在于现实中，那不是很棒吗？

如果有人为了纪念门捷列夫，把真实的物质——一罐氢气、一杯水银、一块铁，摆放在正确的位置，建造一个真实的元素周期表，还有比这更棒的主意吗？

不，实际上一点儿都不棒。这甚至会毁灭世界。

自然界中仅存在元素周期表中的前 98 种元素。其余的只能通过人工制造少量获得，通常是在实验室中通过粒子撞击产生的。

即便如此，许多这样的元素也只能存在几秒钟或更短的时间，接着便会在一股能量中消失。（真实发生的比我在这里说的要激烈得多。）

如果你用每个元素在现实中的实际物质制作一个看得见摸得着的元素周期表，也就是说将碳、铁和其他元素制成一个个砖块并将它们安在墙上，这的确会是个漂亮的杰作。

不过，你能欣赏它的时间并不长，因为较重的元素很快会爆炸，在空中形成几千米高的蘑菇云，你也会被炸成碎片，然后随着升腾的蘑菇云散布在整个平流层中。

好消息是，在你接触到可以产生核爆炸的危险元素之前，你就已经被那些仅仅只是含有剧毒的元素毒死了。

一句话总结：元素是化学的基础（意思是，更复杂的还在后头呢）。

你需要知道的

- 原子由原子核及绕核旋转的带负电的电子构成，原子核中含有中子和带正电的质子。

- 原子是元素的最小单位，每种元素都拥有一个符号——例如锌的化学符号为 Zn。

- 每种元素都可以拥有同位素，也就是说它们原子中的中子数量可以不同。每种元素都由每个原子中的质子数定义。

- 一种元素的原子序数代表了它的质子数，而元素的质量数则是它的质子数加上中子数。这样一来，中子数就等于质量数减去原子序数。

- 不同元素的原子通过化学的方法结合在一起生成的新物质，我们称之为化合物。

- 元素周期表是一种排列元素的方法，自左向右，质子数逐渐增加。

- 元素周期表中的族号，即元素所在的纵列，与其最外层电子层的电子数量有关。同一族中的元素具有相似的化学性质。

- 在元素周期表中，金属元素主要在左边，非金属元素主要在右边。金属通常具有较高的熔点，非金属则通常熔点较低。

化学可以改变世界。在《穿越时空的化学之旅》中寻找答案吧：每一章的末尾都会有新发现！

穿越时空的化学之旅

星期五下午的两节化学课上，时间的运行变得有些异常，墙上时钟的指针每一次移动都需要用以往两倍的时间。

你的眼睛扫过前面一排无色的化学品。你喜欢化学，也很擅长。但你也感到无聊，非常、非常无聊。

克莱尔坐在你的前面，她朝你耳边轻轻吹过来一个纸球。你没有理她，因为她总是这样。克莱尔的化学学得非常好，好得让人恼火，而她也确实很让人恼火。

忽然有一瓶化学品吸引了你的眼球。在氨和盐酸中间，摆放着你没有见过的一种化学品。它没有名字，瓶子上写着："严禁与水混合"。

你看了看前面，老师正背对着你。你注意到，墙上时钟的指针似乎在开始倒着走。

你迫切需要找一些让你感到兴奋的事情做。什么事都行！

你把吸管装满水，打开那个神秘的瓶子，滴了一滴进去。你想："会发生的最糟糕的事是什么呢？"

你心里的话音刚落，一个漩涡就一口吞没了克莱尔。她开始飞快地往下掉。

克莱尔最后一眼看到的是墙上的时钟，这一次毫无疑问，时钟的指针在飞快地倒着走。

穿越时空的化学之旅

第1篇：火

场景：地球，人类诞生之初。

"砰"的一声，克莱尔掉在一片热带草原上。她眺望着前文明世界的风景——深红色的土壤，深褐色的火山岩，夕阳下雄伟的荆棘树树影——与此同时，她明显地感受到一种深深的恐惧。

接着还有一些非常严重的问题需要思考。例如：30万年前会有狮子吗？

在克莱尔还百思不得其解，为什么上一秒还在思考如何能制作出高一年级化学界最厉害的纸团，下一秒就猝不及防地穿越到了石器时代之前，她还需要解决一个更紧迫的问题。

这就是：如果你发现有一大群人向你冲来，你该怎么做？

答案（老实说，你问这个问题让我觉得很惊讶）就是向他们展示你那些让人眼花缭乱的化学技能啊。

很久以前，我们的祖先还没有完全掌握那些可以让他们征服世界的发明。他们甚至还没有掌握火。

当然，他们那时候已经知道使用火了。他们可以从山火中获取火种，并且让它持续燃烧。他们甚至有可能懂得如何钻木取火——通过足够的摩擦来做到这一点。但他们还不能像点亮火柴一样随时按需生产火源。

但克莱尔是个现代人——现代人不仅掌握了火的运用，还制造了烟花、平板电脑和飞机。不仅如此，他们还有《国家地理》野外生存节目。

所以克莱尔知道怎样让这个古老的部落对自己刮目相看——毕竟，她都在电视上看过。

她拿起两根木棒，开始用力摩擦。

有一根突然断了。

她心想，要是有个打火机就好了……克莱尔努力回想那些电视上的野外生存节目，她想起了那把闪闪发光的燧石斧。而此时，她看到地上有一块石头也闪着同样的光。

对呀！她可以自制一个打火机嘛！

我们在拨动打火机的滚轮时，里面的钢件会撞击打火石，同时会有微小的铁粒飞出。而撞击过程中产生的摩擦足以加热这些微小的铁粒，直到点燃并产生火花。

一些石器时代的人类可能使用了同样的技巧来生火，只不过他们使用的不是钢铁，而是黄铁矿——又被称为愚人金。

幸运的是，克莱尔的脚下就有这样一块黄铁矿石（如果我们可以利用时间旅行作为一种便利的设置情节的装置的话，我们肯定也可以利用地质学）。

有点不走运的是，一把燧石斧正顺着完美的弧线朝着她的头飞来。

也许这些石器时代的人并不那么友好。

克莱尔闪躲，跳起，一把抓住斧头，并用力砍向黄铁矿石——顷刻间出现了大量火花，它们在黄昏中闪烁。这场景真是让人叹为观止。

当她的远古祖先还在一旁观望时，克莱尔借此机会点燃了火种，将人类稳稳妥妥地带入了有火的时代——如果《国家地理》节目的制作人知道这件事，将会多么自豪啊！

第二章

化学键

本章介绍

化学键

本章你将学到：

- 离子键
- 共价键
- 金属键
- 合金

在开始阅读本章之前：

一个只有元素的世界岂不是很无聊啊。

我们浑身上下从头到脚没有一样不由元素构成，但背后的一切其实比这句话要复杂得多，因为只有当一种元素与其他元素结合——也就是说当它们的原子结合在一起的时候——世界才会变得有趣。

将一个碳原子与两个氧原子结合，我们便得到了一种能使世界保持在一定温度以供生物生存的气体：二氧化碳。

将碳与氮、氢、氧和磷结合在一起，我们还会得到一种蕴含着生命繁衍生息密码的曲折的长链状化学物质——也就是我们常说的 DNA，即脱氧核糖核酸。

如果将碳与不同比例的氢和氧结合，我们又会得到另外一种化学物质。有一种生物——人类——会拿它来庆祝大大小小的事情，这就是酒精。

这还只是碳。

这一章讲述了不同元素结合时都会发生些什么——以及在这种充满复杂性的情况下，组成宇宙的数十种积木块又是如何创造出丰富的生命体的。

晶体

2000 年的某一天，两名墨西哥矿工在地下 300 米的地方挖掘隧道。炎炎酷暑下，他们无意中钻进了一个洞穴。

他们用手电筒扫过远处的黑暗，光线照射到的地方竟然都会将光反射回来。他们看到，这些奇异且棱角分明的表面闪闪发光。

他们慢慢适应了周围的环境与光线，然后用手电筒将整个洞穴照了一遍，终于看清了洞穴里的景象。

紧接着，他们冲到地面并告诉他们的老板必须关闭隧道，堵住出口并改变挖掘路线。

因为他们阴差阳错地发现了一个世界自然奇观。

在那个洞穴中人们发现了迄今为止最大的天然晶体——巨大的透石膏长矛晶体，甚至有树那么大。

许多晶体宽度超过 1 米，高度达 10 米，就像急需牙科治疗的巨大鳄鱼的牙齿，参差不齐，却无比璀璨，显得珠光宝气。

而矿业公司也意识到需要为全世界保护这个洞穴。

它们是如何形成的？

晶体内部的原子结构规整得令人难以置信。

但这种情况是极少见的。知道一个砖块是如何与另一个砖块连接在一起的，还不足以让你推导出十亿个砖块能够组成的结构。试想一下，仅仅通过看到两块来自埃及的砖块，你就能想到它们是怎样搭建出吉萨大金字塔的吗？

墨西哥洞穴中这些巨大晶体最令人惊叹不已的便是，我们完全可以用它们十亿分之一大小、再十亿分之一大小、再再十亿分之一大小的东西——也就是单个原子的结合方式来解释这些晶体的形状。

在某些情况下（例如在充满富含矿物质的水的热洞穴中），原子能够以固定的重复模式聚集在一起。

马上就要揭示这种晶体的特别之处。很多物质的结构在原子级别的连接上看起来都井井有条。但晶体的惊人之处在于，它们可以保持井然有序的状态形成平滑的几何结构，我们即使从非原子层面的角度，仅用肉眼就可以观察到。

墨西哥洞穴中令人叹为观止的晶体，是通过一种特殊的化学键形成的，我们称为离子键。

或许应该用一种我们都更为熟知的晶体——氯化钠，也就是"盐"——来解释这种化学键。

离子键

还记得电子层是如何排布的吗？第一层电子层中分布着2个电子。如果一种元素拥有更多的电子，它便会开始第二层电子层的排布，第二层一共可以容下8个电子。如果第二层也排满了，电子就会去第三层电子层。

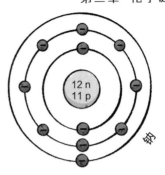

钠是一个拥有 11 个电子的金属元素。这意味着它的前两层电子层处于排满的状态，而它的第三层电子层只有 1 个电子。

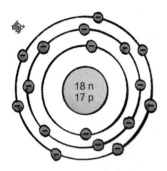

氯不是金属，拥有 17 个电子。这意味着它的第一层和第二层电子层也都是被排满的，而它的第三层电子层则有 7 个电子——也就是说，还差 1 个电子，它的三层电子层就都被排满了。

当上述两种不同的元素发生反应时，电子会被转移：钠原子将它最外电子层的那 1 个电子转移到氯原子的最外电子层，这样一来，双方的最外电子层都达到了 8 个电子的稳定结构。不过，这意味着现在的它们分别会带正电荷或负电荷。

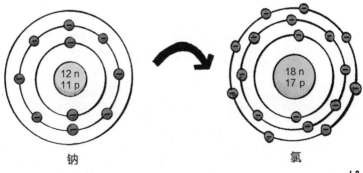

钠　　　　　　　　　　　　　　　　氯

原子通常不带电荷，因为它的质子数等于核外电子数。但失去 1 个电子的钠便会带正电荷，而获得电子的氯则带负电荷。

它们现在成了"离子"——也就是带电荷的粒子。它们相互吸引，并能够连接在一起形成一个晶格。

搭成这些离子晶格的强大化学键赋予了这些晶体一些特性：比如非常高的熔点、极高的沸点，以及氯化钠能使薯片变得超级美味这一重要的用途。

我们可以将这个过程写成一个文字表达式：钠 + 氯 → 氯化钠。

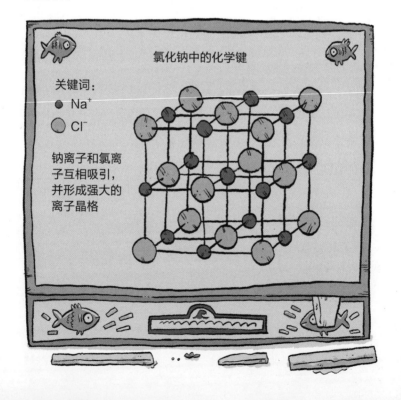

氯化钠中的化学键

关键词：
Na⁺
Cl⁻

钠离子和氯离子互相吸引，并形成强大的离子晶格

当然，我们也可以使用元素周期表中的化学符号写出化学方程式：$2Na + Cl_2 = 2NaCl$

共价键

有时，原子不借用电子，而是共享电子。

以氨为例，它由氮和氢组成。

氮一共有 7 个电子，它的第一层电子层中有 2 个电子，第二层电子层中有 5 个电子，离排满还差 3 个电子。

而氢的第一层电子层中只有 1 个电子，换句话说，它的第一层电子层只是半满的状态。

想要制造一个氮离子比较困难（尽管这也是可以发生的）——获得 3 个电子是一个相当雄心勃勃的目标了。

不过，我们还有另一种方法可以补满它们的电子层：通过共享电子，形成一种"共价"键。

氮需要 3 个额外的电子，于是，就需要从 3 个氢中获取这些电子。而与此同时，每个氢也都需要 1 个电子——它也需要从氮中获取电子。

电子被双方同时利用，这样一来皆大欢喜，所有的最外电子层就都是全满状态啦。

有时，原子也会通过共价键与同种类的原子结合，从而形成仅包含一种类型原子的物质。

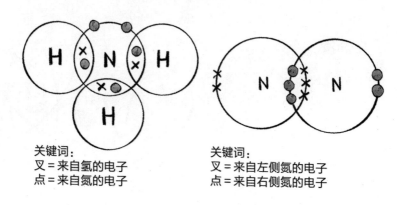

关键词：
叉＝来自氢的电子
点＝来自氮的电子

关键词：
叉＝来自左侧氮的电子
点＝来自右侧氮的电子

两个氮原子各有 3 个电子同时被共享着，因此，它们现在就都拥有了 8 个外层电子。

巨型共价分子：碳

铅笔的笔芯和钻石戒指之间的最大区别便是一个共价键——和几千几万的差价。

将你铅笔盒中那种黑色、廉价、柔软的物质与现存最坚硬的天然物质进行对比，没有比这更能清楚地展示化学键的重要性了。

不过，石墨和钻石也有两个相似之处。第一，它们都只含有碳，不含任何其他物质；第二，它们都是有着巨型共价结构的好例子。

与氧分子中 2 个氧原子可以结合形成一个单一的结构不同（接着它就可以作为气体自由漂浮），在金刚石和石墨中，碳原子可以连接在一起组成一个键合晶格。理论上来讲，这个晶格甚至可以无限拓展。

最容易理解的是金刚石（如果你不用拿在手里亲自研究的话），也就是钻石。

金刚石是一种由碳组成的结构，其中每个碳原子与另外 4 个碳原子相连，并与它们中的每一个共享 1 个电子。

这种结构具有很多化学键，这意味着里面的原子很难被分离开来。这就是为什么金刚石极为坚固并且具有非常高的熔点。

晶格里没有电子可以自由移动，因为它们都被束缚住了，也就无法导电，所以钻石在这方面用处不大。

不过……作为钻石戒指它的确漂亮。

石墨的结构就有一点点不同。其中每个碳原子仅与其他 3 个碳原子连接，然后一层一层地堆叠在一起。

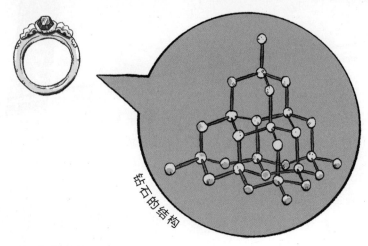

钻石的结构

这意味着两点：

第一，它不会特别坚固。由于它的化学键较少且外电子层没有被排满，因此也更容易被涂抹在纸上。

第二，有了这些可以四处跳动的电子，它就能够导电了。

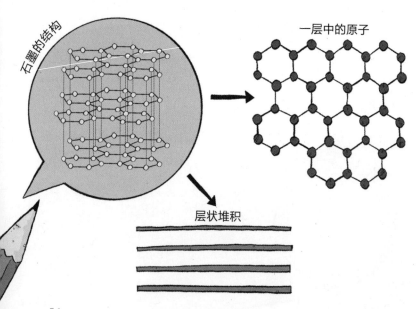

石墨的结构

一层中的原子

层状堆积

金属键

托伦瑟河是一条不太起眼的河，它穿过德国东北部一个较浅的峡谷。3200 年前，有近 4000 名战士在这里相遇，他们进行了一场可怕的战斗，鲜血一度染红了这条河流。

1996 年，一位业余考古人士在这里发现了一根暴露在地表的臂骨。这是我们第一次发现那场战斗曾发生过的痕迹。

直到今天，我们仍在寻找那场战斗曾发生过的证据，至少发现了数百人的遗骸：有被砍断或击碎的骨头，有被弓箭射中、箭头还深深嵌在里面的头骨。

那显然是一场令人绝望的战斗，但人们对此知之甚少。当时生活在德国这条河流两岸的人文化程度也许都不高，不论是英雄的丰功伟绩还是叛徒的背信弃义都不曾被记录下来。

所以我们无法得知战斗的双方是谁，为什么会发生这样激烈的战斗。但我们可以证明的是，这场战斗发生在一个时代的转折点。

一根牢牢插在一段手臂骨骼上的箭，是由燧石制成的。另一根是在头骨中发现的，而它的材质是一种绿色的失去光泽的金属。有些骨头上有来自金属刀剑的深深的砍痕，而这些骨头的主人却还使用着木棒。

人类的石器时代和青铜时代在这里交接——在这片古老的欧洲战场上，一种新型的超级材料被使用在了武器装备上。

而没能掌握这种材料的一方压根没有任何胜算。

为什么偏偏是青铜？

我们一般不会说锡器时代或者铜器时代。然而，要想制造在那个德国古老战场上使用的青铜的确同时需要这两种金属。

我们用这两种金属给一整个"时代"命名的原因，很快就会被任何试图用它们铸剑的人所理解。

锡，非常柔软，你甚至在普通室温下就可以将它塑造成任何想要的形状。

铜，它在今天一个巨大的优势就是它的柔软度，它可以被用来制成导线——这在互联网连接方面能派上大用场，但对于箭头来说，就太无用了。

铜最常见于导线之中

几乎任何种类的纯金属都非常柔软，原因也是化学键。金属原子既不以共价键也不以离子键连接在一起。

它们没被填满的最外电子层的电子可以"游离"，从原有金属原子核的引力中解放出来，并能与所有其他金属原子的原子核结合。

这些金属离子正是多亏了这么多带负电荷的电子，才能被牢牢地固定在一起。

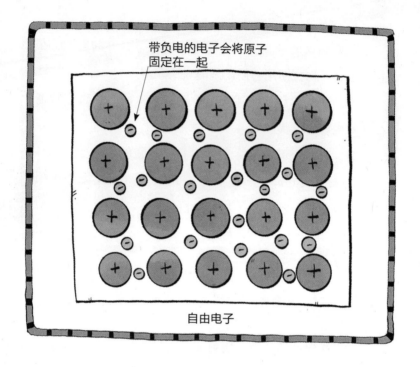

带负电的电子会将原子
固定在一起

自由电子

所有这些能够自由活动的电子使金属在导热和导电方面都有着非常出色的表现。

这种大型的金属结构中，许多相同的离子层叠在一起，导致它也有一个明显的缺陷：离子的位置很容易被滑动改变。这使得其对应的金属在粉碎敌人头骨等方面的效果要差得多。

这也就是为什么青铜的发明如此不可思议了。当两种较软的金属——铜和一点点的锡——结合在一起，便形成了惊人的新物质。

它们形成了一种能帮助人类建立帝国、战胜敌人并且永远改变了人类的金属。

青铜的强大不只是偶然。它无比坚固。任何种类的合金（即一种金属与其他金属或碳等混合为一体的物质）都是如此。

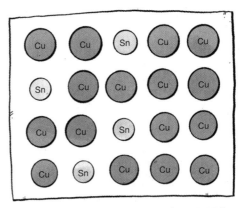

锡（Sn）原子穿插在铜（Cu）原子原本均一的晶格中，并阻止它们随意滑动

在纯金属层层叠叠的结构中，每一层都可以自由滑动到其他位置。合金中则混有杂质，这些杂质就像是增加摩擦的砂砾。

有了这些不同大小的杂质，原子就能停止滑动，每一层也就被固定起来了。

通过阻止原子滑来滑去，合金技术成功地塑造了一种全新的可用于制造工具和装饰品的具有金属性质的坚固物质，它被非常广泛地运用——包括在3200年前的托伦瑟河旁，人们用这种合金生产了很多不射穿敌人头骨不罢休的箭。

一句话总结：化学就是原子或离子的一次次亲密互动——当然，你也需要区分，比如说，有些化合物是共价化合物，有些化合物是离子化合物。

你需要知道的

- 金属原子失去电子变成阳离子。非金属原子获得电子成为阴离子。它们失去或得到一定数量的电子后便有了一个完全填满的外电子层。

- 离子化合物由正离子和负离子搭建起来的晶格形成，它们通过正负电荷的强大吸引力紧密连接在一起。

- 当原子共享电子时便会形成共价键，目的同样是为了填满外电子层。

- 通过共价键相连的原子可以形成巨大的分子结构，其中，原子结合的模式可以无限重复。强大的共价键作用力使这类物质难以被熔化。

- 金刚石和石墨均由碳共价键组成，但不同的结构赋予这两种物质截然不同的性质。

- 金属中的化学键就完全不一样了。它们外电子层的"自由电子"使金属离子漂浮在一片负电荷的海洋中。

- 金属通常都很软，这意味着我们可以将其塑造成想要的形状。

- 一种金属与另一种金属或非金属混合形成合金。合金通常都很坚固。来自另一种元素的不同大小的原子可以阻止金属结构中层与层之间的滑动。

穿越时空的化学之旅

第2篇：木炭

淡定，肯定还有比这糟糕百倍的情况，克莱尔心里想。

是的，她现在已经不在学校的化学课上了。现在是30万年前。不过从好的方面想，她不用再连着上两节化学课了，而且她还活着。

那个部落也并没有像克莱尔担心的那样将她杀死，而是将她带到了他们的洞穴，还似乎对她赞叹不已，因为她刚才的生火技能给部落的人们留下了深刻的印象。

这让她有些不安，但克莱尔想想，这也在情理之中，而且绝对比被石斧砸破脑袋要好。

不过还有一个小问题：浓烟。

她眼前愈发模糊，眼睛也开始刺痛，每个人都开始咳嗽个不停。在不通风的洞穴口生火确实不是一个好主意。

她意识到，她需要一种能减少浓烟的燃料。

这就是木炭呀！

几乎所有曾经存在过的人类文明都使用过木炭。它来自木头，除了碳几乎不含其他东西。

木材会燃烧是因为其中的碳与氧气反应形成了二氧化碳。但木材依然是一种复杂的物质，含有碳、水、氢和许多其他物质——从有机高分子到死去虫子的残骸。

如果你想生成一些热量，需要的就只是木头中的碳。其他的一切都会产生能进入眼睛并让人感到不舒服的烟尘和蒸汽。

那么如何获得碳呢？答案是通过一个叫作热解的反应。在这个反应的过程中，木头在几乎没有氧气的环境中被加热。

克莱尔揉了揉眼睛，然后开始搭建一个圆形木堆，为热解反应创造条件。

木炭的制作方法其实有很多种，其中最简单的就是把木头堆起来，在中间放少量燃烧的木头，然后用草皮覆盖整个木头堆，以隔绝氧气。

如果没有什么差池，外围的木材会非常缓慢地燃烧成木炭——留下的几乎只有纯碳。

当克莱尔在火中试用这种基本只含纯碳的木炭时，她很满意，因为的确少了很多呛人的烟，而且燃烧得更旺盛，洞穴里更暖和了。这时她突然意识到了什么，由此产生了一个全新的想法。

在这里，在这个洞穴中，她有机会将人类向前推进数十万年。有了科学，她可以传授给这些史前人类征服世界的知识。克莱尔畅想着，他们的后代可以建造金字塔、去航海和登上月球——而这一切，都归功于她的帮助，他们将提前几千年就实现所有目标。通过正确的引导，他们在克莱尔刚刚离开的那个时间线的人类发明轮子之前，就达到了一定的科技高度。

　　克莱尔漫不经心地想，这难道不也意味着，她作为人类的创始天才会永远受人尊敬？她继续做着白日梦，或许，她还会成为一个神一样的人物？

　　好吧，不管怎么样，帮助他人总是会有些好处。接下来是时候向这个部落介绍一些石器时代的化学了。

第三章

定量化学

本章介绍
定量化学

本章你将学到:

- 阿伏伽德罗常数
- 单位摩尔
- 相对分子质量
- 阿伏伽德罗定律

在开始阅读本章之前：

化学是无法被直接看到的。当两个氢原子与一个氧原子结合时，我们知道会形成水——但我们却从未看到过水分子真正的模样。

这是不是很奇怪呢？目前我们学习化学就像学习文学却无法阅读其中的每个词，就像梦想成为航海家却还无法登船。

为了让这门学科发挥作用，为了让它成为像模像样的科学，化学家们需要找到计算原子数量的方法。

他们也需要找到一种方法将微小到难以想象的东西——例如水中的单个分子——与我们看得见摸得着的东西联系起来：一个冰块或一杯水。

本章便讲述了他们是如何使用一些非常大的数值来表示一些极其微小的事物。

千克与阿伏伽德罗球体

130 多年来，千克的标准一直被存放于巴黎的一个保险库中。

这可不是随随便便的 1 千克，而是那个唯一的千克原器。

它被放置在地下，在一扇钢门后面，它的锁甚至需要用三把钥匙才能打开——其中只有一把被保存在法国——这是一个定义整个世界质量单位的标准砝码。

在 2019 年之前，如果你站在浴室的体重秤上，读数显示"60.2 千克"，这意味着你的体重相当于那个保存在巴黎保险库里的金属块的 60.2 倍。

如果你买了一袋 500 克的糖，那它便只有那个金属块的一半重。

但在 20 世纪后期，科学家们已经开始意识到千克原器存在的问题。

他们怀疑，它的质量减少了。

更糟糕的是：根据定义，这是不可能的。

因为无论如何，这个被放置在巴黎的金属块的质量就是 1 千克。就算我们假设一个粗心的清洁人员特别用力地摩擦它，以致于它失去了一半的金属，它的质量仍然是 1 千克——因为它就是"千克原器"，不是什么别的东西。千克，就是用它来定义的。

不过别担心，它损失的质量并不多。如果一只蚂蚁走过它，就足以抵消 100 倍损失的质量了。

然而这种质量的改变依然是个让人头大的问题。

他们需要一个解决方案——给单位千克一个更好的定义，一个让全世界不用再依赖一块金属来定义质量的定义。

他们需要根据一些不变的东西来定义它：一个极为基础的，一个可以直接向外星人解释明白的，能让他们立即理解千克代表什么的定义。

他们提出的解决方案不是一个，而是两个。

第一个方案需要使用到一个非常敏感的称重设备。有多敏感呢？我们在使用它之前，得明确知道月球的位置，否则，月球的引力会干扰称重。

而他们想出的第二个点子——也就是我们马上就要讨论的那个——是一个直径约 9.4 厘米、纯硅材质、令人着迷的闪闪发光的球体：所谓的阿伏伽德罗球体。

要理解第二种方案，我们首先需要了解化学中一些极为重要的概念。

相对原子质量

还记得第一章中讲过的原子质量吗？

比起使用原子的实际质量，带着小数点后一大长串数字进行计算，我们已经学会了一种将原子质量化简的方法——这样一来，我们只需要将原子相互之间的质量比搞明白就可以啦！

例如碳是 12，氢是 1，氧是碳的 4/3 倍，也就是 16。

这个方法也适用于化合物的计算。二氧化碳（CO_2）分子的"相对分子质量"为 44（碳为 12，氧为 2×16）。

二氧化碳

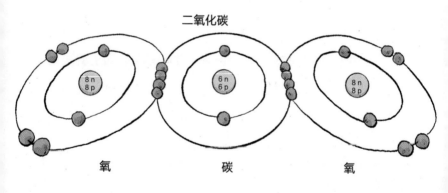

氧　　　　　　　碳　　　　　　　氧

当然，相对原子质量的问题在于，它与我们的日常世界——非原子尺度的世界——不能产生联系。它只是个数。

然而，有一种聪明的方法可以将它带进我们的日常世界，并且不会让这一切变得复杂。

摩尔

令学化学的学生备感悲伤的是，单位摩尔并不是以穴居动物鼹鼠[①]的名字来命名的，而是来源于拉丁文 moles，原意是大量、堆积。它是物质的量的国际单位。

我们可以说，有 1 摩尔的钾原子、1 摩尔的碳原子或 1 摩尔的鼹鼠（刚才提到的穴居动物）。无论是 1 摩尔的什么都代表着约有 6.02×10^{23} 个它们。或者，你也可以使用数 602,000,000,000,000,000,000,000 —— 也就是所谓的阿伏伽德罗常数。

[①]　英译 mole。——译者注

1摩尔钾包含了6.02×10^{23}个原子。1摩尔的鼹鼠就是6.02×10^{23}个这种穴居生物。

为什么是6.02×10^{23}呢？奇妙的事情来了。这个数可不是随机选择的，使用它是为了确保所有涉及单位摩尔的计算能变得更加简单。

如果某个原子的原子量是4，那么1摩尔该原子（在这种情况下，该原子指的是氦）重4克。

碳的原子量为12，因此1摩尔碳的质量为12克。

原子弹中的铀的原子量为235，因此1摩尔铀的质量为235克。

或者，换句话说，6.02×10^{23}个氦原子重4克，同样数量的碳原子重12克，而同样数量的铀原子则重235克。

与此同时，一只鼹鼠重约90克，1摩尔鼹鼠的质量都快相当于一个月球了。

好吧，纯从实际的角度上讲，你应该是不可能有1摩尔的鼹鼠的。

当然，你可以在数值上"有"——但如果你真的拥有这么多鼹鼠，那邻居家的草坪绝对会被翻个底朝天。

阿伏伽德罗常数

6.02×10^{23}，这个数确实很大。

（任何试图将这么多鼹鼠聚集在一起的人都能够证实。）

阿伏伽德罗常数以 19 世纪意大利化学家阿莫迪欧·阿伏伽德罗的名字命名，他花了大量时间思考物质中粒子的数量与它们所占据的空间和质量的关系。

> 使用阿伏伽德罗常数可以计算出已知质量物质中粒子的数量。

当我们吸入氧气时，我们吸入的不是单个的原子，而是分子：两个氧原子连接在一起，每个氧原子的相对原子质量为 16。

这意味着一个氧气分子的"相对分子质量"为 32，即 $16 + 16$。

如果我们有 32 克氧气分子，那么我们就有了 1 摩尔的氧气分子——也就是 6.02×10^{23} 个氧气分子。

如果是 64 克，那么就是 2 摩尔——即 12.04×10^{23}。

这样一来，你可以通过某物质的质量来计算出其中有多少个原子或分子。

$$摩尔数 = 物质质量 / 相对分子质量$$

$$粒子数 = 摩尔数 × 阿伏伽德罗常数$$

举个例子，假设有 27 克水。水（H_2O）的相对分子质量为 18（即 $1 × 2 + 16$）。这意味着 18 克为 1 摩尔，所以 27 克相当于 1.5 摩尔。如果 1 摩尔水有 $6.02 × 10^{23}$ 个水分子，那么 1.5 摩尔的水就会多出 50%——也就是 $9.03 × 10^{23}$ 个水分子。

最聪明的一点是，我们利用阿伏伽德罗球体重新定义千克时，是基于这样的事实：这个公式不一定只能按照这个顺序才成立。

如果已知质量，你就可以计算出所有粒子的数量——反之，如果知道有多少个粒子，你就可以计算出质量。

不过显然，要做到这一点，你必须数清粒子的数量，这也太荒谬了……

阿伏伽德罗球体

阿伏伽德罗球体是这个星球上最光滑的物体。如果地球也如此光滑，那么最深的海洋与最高的山脉的高度差便只有 5 米。

它光滑到我们都看不出它在旋转——它几乎不存在任何瑕疵或沟壑。

它之所以是这样，是因为科学家们在制作它时，需要精确地知道它的体积——事实上，是精确到它所包含的每一个粒子，因为他们打算精准计算这些粒子的数量。

该球体用硅 28 晶体制成，经过加工使其与巴黎的千克原器质量完全相同。

科学家们计算出这 1 千克中包含了多少硅原子——通过这个方法，他们测定出有史以来精度最高的阿伏伽德罗常数数值。

既然我们可以这样做，那么，我们也可以将这个过程反过来。

今天，我们不再以巴黎保险库中会神秘改变质量的金属块作为参考来定义千克，而是可以直接通过一定精确数量的硅原子实现目的。你要是问的话，大概也就是 21,525,387,297,294,000,000,000,000 个。

阿伏伽德罗定律

以阿伏伽德罗命名的不只有一个数和一个球体，还有一条定律。

我们有几种不同的描述阿伏伽德罗定律的方式。而下面这一种是意大利贵族、杰出化学家、一切"阿伏伽德罗"名称由来的阿莫迪欧·阿伏伽德罗绝对不会使用的一种方式。

试想一下，你先用嘴吹了一个气球。再想象一下，你使用氦气罐将另一个气球吹成相同大小。最后，你放了一个屁并用其中的气体将第三个气球填充至前两个气球相同的大小。

你看着氦气球消失在天空中，你想知道如果你把充满臭屁的气球戳破会发生什么，但比即将要产生的恶臭更令人难以置信的事实是：

虽然气球中的气体千差万别，但每个气球里面的分子数量是完全相同的。

阿伏伽德罗认为，在相同的压力和温度下，任何固定体积的气体——无论是氦气、甲烷还是氮气（以及从肺部或臀部一同排出的其他气体）——都含有相同数量的粒子。

也就是说，无论你是用来自肺部还是来自臀部的气体为气球打气，都会有相同数量的气体分子在气球中来回弹跳。

令人难以置信的是，事实证明他说的是对的：气体中最重要的竟不是粒子的类型，而是它们的数量。全世界的化学家都对他的发现表示无比钦佩，于是以他的名字命名了这个定律。

一句话总结：读完这一章，你对放屁这件事的看法将会有翻天覆地的变化。

你需要知道的

- 摩尔是"物质的量"的国际单位。

- 1 摩尔某种元素的质量数（以克为单位）是该元素的相对原子质量。例如，1 摩尔碳 12 的质量为 12 克。

- 1 摩尔中约有 6.02×10^{23} 个原子或分子。这个数被称为阿伏伽德罗常数。

- 同温同压下，相同体积的任何气体含有相同的分子数。

- 在室温和标准压力下，1 摩尔的任何气体所占的体积都接近 22.4 升。

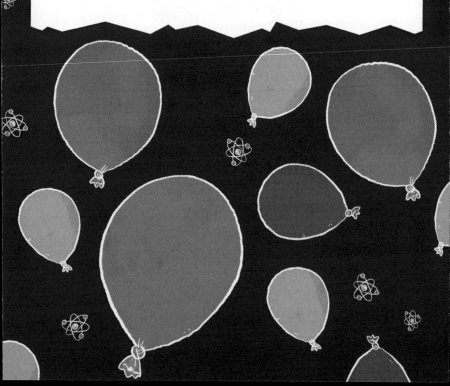

穿越时空的化学之旅

第3篇：陶器

如果克莱尔了解到她用来喝水的器皿是用晒干的动物皮制成的，她应该可以接受这个事实。

即便她知道它是由某个特定器官（比如野猪的膀胱）制成的，她也能伴随着干呕一点点喝下去。

当她指着这个大家都在使用的软塌塌的"瓶子"，比画着问它是用什么做的，部落的人只是含糊地指了指她的肚子。

这让克莱尔有点慌。

更糟糕的是她默不作声的回应——这是表示极度厌恶的礼貌用语——她只是将嘴唇贴在瓶子上，并没有真的喝。这不仅会导致自己脱水，还会冒犯到部落的人。

她不再像以前那样受欢迎了。

克莱尔想，是时候教部落的人如何制作陶器了。她要教他们用其他东西制造一个滴水不漏的饮水器，而不是用某种动物的什么器官。

第一步，她需要找到黏土。幸运的是，这种东西很容易找到：黏土是一种特殊的矿物质集合，它们来自风化的岩石，通常可以在河床中找到。

黏土的特别之处在于，它在潮湿的状态下是可塑的。

所以，你可以把它做成任何想要的形状，最后它也将保持住这个形状。

黏土具有这种特性要归功于它的层状构造，每一层都通过薄薄的水分子膜相互连接。水分子足以将黏土固定到位，只不过不会特别牢固。

这意味着我们这时仍然可以改变它的形状。这个过程中，结构中的这些层面会相互滑过对方，等到你不再揉捏黏土的时候，水又把它们聚集在一起。

也就是说我们可以将它制成杯子的形状。

这一切都很好。但实际上，克莱尔觉得自己需要的是更坚实的东西——至少要和松软的膀胱一样有效好用。

喏！这就是陶器和化学的用武之地了。

开始大干一场吧！她擦掉额头上的汗水，然后将黏土在阳光下晒干。

克莱尔干得热火朝天。她已经有了木炭，然后开始不停地挖土。她现在完全有能力制造一个可以达到1000摄氏度甚至更高温度的窑炉。

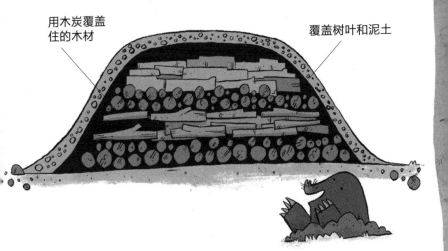

用木炭覆盖住的木材

覆盖树叶和泥土

　　达到 500 摄氏度后，黏土开始发生变化。将其黏结在一起的水分通过化学反应被去除了。这个过程中，较弱的氢键变成了更强的氧键。

　　接着，温度进一步升高，矿物质本身也开始熔化。

　　它们开始"玻璃化"，形成一种玻璃状的"胶水"，将其黏合在一起。它变成了红陶。

　　克莱尔还希望这个杯子完全不漏水，所以离完成还差一步。她用烧剩的木头灰作为涂层涂在杯子内壁，再将其放回窑炉中，并观察灰中的矿物质在杯子内壁慢慢形成一层釉。

在等待杯子冷却时，部落中的人试着敲了敲杯子的外面，克莱尔则在一旁庆贺这伟大的时刻。从技术角度来说，她刚刚将人类一下子就向前推进了至少 27 万年！

第四章

酸、碱与盐

本章介绍

酸、碱与盐

本章你将学到：

- 酸的定义
- 碱的定义
- 它们会产生怎样的化学反应
- 酸碱程度的衡量标准

在开始阅读本章之前：

电影里的化学家们通常都是顶着一头蓬乱的头发，站在咕嘟咕嘟冒着泡的神秘烧瓶前咯咯大笑。那个咕嘟冒泡的神秘烧瓶中一般来说都会含有某种酸。

你很快就会明白为什么了。酸是一种可怕的液体，可以把银行金库腐蚀个精光，可以用来处理尸体，有时也可以用来审讯被俘的超级间谍，直到他们松口交待出你想听的事情。

如果我们认为只要有酸烧瓶中的液体就会咕嘟冒泡，那么——烧瓶中的液体就总是会咕嘟咕嘟冒泡。原因很简单，因为几乎所有的液体都含有某种酸，或者与酸相对的同样具有腐蚀性的碱。

不过，只有少数的酸能对超级间谍造成太大的威胁。因为即使是碳酸饮料，那也是一种酸。

这一章我们要开始研究酸与碱。酸是一种液体，含有游离的氢离子，而碱则含有游离的氢氧根离子，同样也是液体。

这一章将会讲到我们会用酸和碱做些什么，它们会与其他化学物质发生怎样的反应——以及最厉害最有意思的——当我们用酸和碱来溶解东西时又会发生什么。

酸

那是 1940 年。纳粹们来到了丹麦哥本哈根的街头，乔治·德海韦西意识到他要为两个人的生命负责。

如果想要这两个人活下去，他就必须想办法把两大块金子藏起来。

战争前夕，两位德国科学家——一位是犹太人，另一位则对犹太人充满同情——他们将自己的诺贝尔奖章交给了乔治和他的上司科学家尼尔斯·玻尔，拜托他们帮忙保管。

两位德国科学家很担心纳粹会从乔治和尼尔斯那里夺走奖章。

后来战争确实在这里爆发了，而且比他们担心的蔓延得更远。

乔治·德海韦西

更糟糕的是，诺贝尔奖章上刻着两位科学家的名字：马克斯·冯·劳厄和詹姆斯·弗兰克。

纳粹如果找到了这些奖章，就会知道是谁给的，并且这也违反了禁止出口黄金的法规。

两位科学家会被处决。乔治本人也很有可能受到牵连。所以他必须做点什么，而且要快。但他能做些什么呢？

乔治绞尽脑汁，发挥他所有的聪明才智。

他需要化学的力量。

很快，他走进实验室，取出一瓶王水。黄金与许多其他物质都很难产生化学反应——这也是黄金如此昂贵的原因之一，但它会与王水（一种盐酸和硝酸的混合物）发生化学反应。

这两种酸是非常合拍的搭档。它们都不能单独溶解黄金，但如果被混合在一起，它们就可以启动这项技能。

首先，硝酸会从奖章表面剥离一些电子。这为盐酸提供了所需的入口——其带负电荷的氯离子与这些现在带正电荷的金离子反应，形成一个新的分子。就这样，黄金慢慢被溶解，溶解后会形成棕色液体。

这也就是纳粹来到他的实验室时所看到的。架子上摆放着几个平平无奇的瓶子，里面装着一种浑浊的棕色液体。

漫长的军事占领期间，那些瓶子就一直放在那里，从未被注意到过。

战争结束后，乔治用化学方法逆转了之前溶解金的过程。他提取出黄金，并将其送到诺贝尔委员会，重新铸造成奖章。

纳粹们千算万算没想到自己会被化学打败。

诺贝尔奖章

酸是如何起作用的？

一枚诺贝尔奖章还远远不是屈服于酸的最具价值的东西。获得这一殊荣的是克利奥帕特拉的珍珠。

有一天，埃及女王克利奥帕特拉承诺要举办史上最盛大的宴会。

一道又一道佳肴，都使用了国家最珍贵的食材。但她的客人们却不以为奇。

毫无疑问，这着实是一顿丰盛的大餐——但大家对女王的期望也许更高。

最后，她拿出那个时候人们已知的最大的珍珠耳环，将其放入一杯醋中。

珍珠在那时被视为大自然赠予我们的最珍贵的东西，但无论它们多么价值连城，都无法打破化学中的法则。

就像诺贝尔奖章一样，珍珠溶解在具有酸性的醋中。客人们目瞪口呆。

酸是如何把这么多东西变成一摊污泥的呢？答案就是氢。

以盐酸为例。它的分子式是 HCl——由一个氢原子和一个氯原子组成。当它溶解在有水的溶液中，氢和氯会被分开来并分别成为离子。

氢现在带正电，因为它失去了一个电子，而氯则带负电。氢离子对其他分子和原子的吸引力很大，它就像一个化学攻城锤。

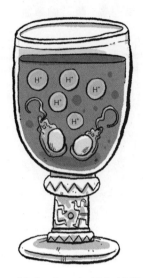

它到处敲击，破坏构成化合物的化学键并在其中肆意冲撞——将它们撕裂开来并与它们的原子结合。

结果便是，如果它的酸性足够强，几乎没有什么是它的对手。就算某样东西像珍珠一样精致，杯里的醋也不会手下留情。

我们继续讲故事。在珍珠完全消失后，克利奥帕特拉隔着堆积如山的食物，看着那些惊呆的客人，然后把醋一饮而尽——这确实是历史上花销最大的宴会了。

碱

就在克利奥帕特拉开始计划她的派对之前，地中海的另一边，罗马将军塞多留也在利用化学的力量实现他的远大目标。

他被派去征服罗马帝国边缘的一些桀骜不驯的部落。

然而他沮丧地发现，他的敌人，葡萄牙的查拉西塔尼人，自行决定不在公开场合与他见面，因为那样做无异于等着被屠杀。相反，为了保命，他们躲进了山洞。

不过不用担心——化学站在了罗马将军这一边。与克利奥帕特拉不同的是，他决定不使用酸，而是使用与酸相对的碱。

碱虽然不具有氢离子，而是有氢氧根离子，但它们对其他化合物同样能构成威胁。碱也更容易获得。

把石灰岩碾碎并加热，就可以得到生石灰。生石灰是一种粉末，它在水中可以形成极强的碱。

它有时被用于战争或瘟疫期间。乱葬岗被尸体填满，因此有可能暴发疾病。人们将这种碱洒在尸体上以减少气味。

正如塞多留发现的，碱不仅能用在处理尸体上，还能用来对付活人。

他磨碎生石灰，让风把它们吹进洞里——这些生石灰粉灼伤了查拉西塔尼人的眼睛和肺。

他们最终投降了。塞多留在查拉西塔尼人痛苦的叫喊声中欢呼雀跃，庆贺他的远征又一次圆满结束。

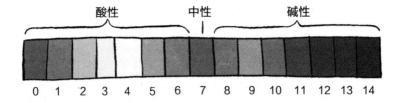

pH 值

酸或碱的浓度用"pH"值表示，这是一个衡量氢离子浓度的指标。"pH"两个字母的来源到现在还存有一定的争议。它可能是"氢的量（potential of hydrogen）"，也可能是"氢的力度（power of hydrogen）"或"氢的强度（potency of hydrogen）"。

当某物溶解在水中时，总会产生 H^+ 和 OH^-，当 H^+ 比 OH^- 多时意味着溶液是酸性的，反之则意味着它是碱性的。

pH 值的范围是从 0 到 14，这是一个对数刻度——这是一个复杂的词，但背后的概念很简单：这个数每增加 1，H^+ 浓度就会减少为之前的十分之一。

pH 值为 1 意味着这是一种极强的酸，并且有很多 H^+。pH 值为 13 意味着这是一种极强的碱，并且 H^+ 极少，而 OH^- 却很多。

如果你将 pH 值为 1 的强酸与 pH 值为 13 的强碱按一定比例混合，这些凶残的 H^+ 和 OH^- 聚集在一起，却只会形成一种再普通不过的物质：水。

酸与碱性化合物、酸与金属

关于酸，我们需要了解两种类型的化学反应。

第一种：圣彼得的脸怎么了？第二种：尤利西斯·S. 格兰特的马又发生了什么状况？

几个世纪以来，圣彼得一直从英国约克市城市中心宏伟的哥特式大教堂约克大教堂的正面向外眺望。自中世纪以来，他的雕像饱经风霜雨雪，当然还有冰雹。

但最近几十年——尤其是在 20 世纪末——约克郡的环境变得越来越糟糕。

由于污染，雨水的酸性开始变强。渐渐地，圣彼得的脸被溶解掉了。

根据圣经记载，圣彼得的名字是耶稣赐予的。彼得，意为磐石。耶稣说："我要把我的教会建造在这磐石上，阴间的权柄不能胜过他。"

或许他应该对自己心目中的那块岩石描述得更具体一些，因为这座特殊的约克郡圣彼得，是由一种叫作石灰岩的石头制成的——它在化学中还有另一个名字，碳酸钙（$CaCO_3$）。

先不管掌握阴间权柄的冥王能不能胜过碳酸钙，酸反正可以。

酸与碱性化合物反应

金属离子可以与氧离子（O^{2-}）、氢氧根离子（OH^-）或碳酸根离子（CO_3^{2-}）结合。而它们的产物被称为碱性化合物。

氧化铜（CuO）是一种碱性化合物。氢氧化钠（$NaOH$）也是一种碱性化合物。

碳酸钙（$CaCO_3$）也是。

当碱性化合物遇到酸时，它们会反应生成水和所谓的盐。

酸 + 碱性化合物 → 盐 + 水

什么是盐？

盐是酸与碱性化合物反应被"中和"后留下的物质——中和意味着 OH^- 和 H^+ 相互抵消。有些盐会溶解在水中，如果将其蒸发，最终会得到盐晶体。

盐的种类很多，我们最为熟知的是一种由钠和氯组成的盐——一种非常普通的盐，这就是"食盐"。

例如，

硫酸（H_2SO_4）+ 氧化铜（CuO）→
硫酸铜（$CuSO_4$）+ 水（H_2O）

和（稍微复杂一点的反应）

酸雨（含硝酸 HNO_3）+ 圣彼得的脸（$CaCO_3$）→
溶化瓦解的脸，也叫作硝酸钙 [Ca（NO_3）$_2$] +
水（H_2O）+ 二氧化碳（CO_2）*

* 当反应涉及碳酸盐时，一定也会有二氧化碳和水生成。

这意味着，就雕像而言，近来约克大教堂不得不委任一位新的圣彼得，再次庄严地面对约克郡的天气。

他应该至少能再撑上几个世纪。

尤利西斯·S.格兰特和他的马

尤利西斯·S.格兰特是美国南北战争中来自北方的最优秀的将军之一，不过同时也是最糟糕的总统之一。

由于他在战场上的丰功伟绩，他名字的缩写 U.S. 被解读为"无条件投降（Unconditional Surrender）"。他也就被称为"无条件投降格兰特"——因为就算敌军一开始还试图攻击他们，但最终依然会无条件投降。

自然而然，战争结束后，他在华盛顿竖起了自己的雕像。与圣彼得雕像不同，它更经久耐看：因为这座雕像由青铜铸造，而青铜的主要成分就是铜。

来到和平年代，他当选了美国总统，却发现治理国家可比击溃敌人困难多了。他手下的政府官员接二连三地被指控欺骗、受贿、逃税。

这位能够抵挡南部各州奴隶主强大力量的人却发现，抵挡腐败的恶劣影响要比这困难得多。这的确很讽刺……因为他的雕像也是如此。

几十年过去，这位骄傲而高贵的将军发现自己的雕塑马越来越不英俊了。它的侧面出现了一道道难看的绿色条纹。他的骏马和圣彼得的脸庞一样，在酸雨中屈服了。

酸与金属的反应

当酸遇到金属时，会发生不同类型的反应。

最简单的一种是这样的：

酸 + 金属 → 盐 + 氢气

举个例子：

硫酸（H_2SO_4）+ 镁（Mg）→ 硫酸镁（$MgSO_4$）+ 氢气（H_2）

有些金属很容易与酸反应。将它们放入稀酸中，它们立即会开始"嘶嘶"作响，并产生连续不断的小氢气泡。

有些金属非常活跃，例如钾，如果把它放在水中，它就会剧烈燃烧——并产生金属氢氧化物和氢气。这也是没有人用钾来制作雕像的原因。

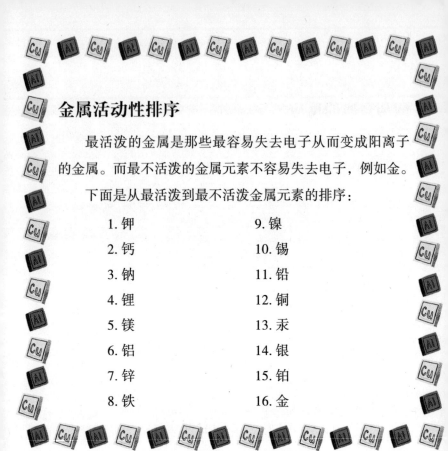

金属活动性排序

最活泼的金属是那些最容易失去电子从而变成阳离子的金属。而最不活泼的金属元素不容易失去电子，例如金。

下面是从最活泼到最不活泼金属元素的排序：

1. 钾
2. 钙
3. 钠
4. 锂
5. 镁
6. 铝
7. 锌
8. 铁
9. 镍
10. 锡
11. 铅
12. 铜
13. 汞
14. 银
15. 铂
16. 金

人们用铜来制作雕像——你会明白这是为什么的。它几乎和金、银一样不够活泼，但价格上却便宜太多了（并且不像汞，它不是液体的，这从雕刻的角度看，是个很大的优点）。

但如果时间足够长，酸雨足够多，即使是铜最终也会发生化学反应……就像格兰特的那匹骏马一样。

这个反应稍微有点复杂，因为涉及氧气、二氧化碳和酸雨，它们结合在一起使格兰特的骏马不再光滑锃亮，而是赋予它一种更为偏绿的色泽。

幸运的是，美国官方已经决定介入，以守护他们最优秀将军的至高荣誉。

每隔几年，这座崇高又令人生畏的尤利西斯·S.格兰特雕像就会从管理员那里得到全套的保养，他们会在雕像上涂抹一层薄薄的蜡以减轻风吹雨打带来的损害。

所以直到今天，"无条件投降格兰特"风采依旧。

一句话总结：千万不要给克利奥帕特拉买珠宝。

你需要知道的

- 酸在水中会产生氢离子。
- 碱在水中会产生氢氧根离子。
- 酸碱程度用 pH 值衡量。pH 值介于 0 到 14 之间。
- pH 值小于 7 的物质是酸性的，拥有的氢离子要比氢氧根离子多。pH 值超过 7 的物质则是碱性的。
- 酸与碱性化合物（氢氧化物、氧化物或碳酸盐）反应生成盐和水（如果是与碳酸盐结合，还会生成二氧化碳）。
- 酸与某些金属反应会生成盐和氢气。

穿越时空的化学之旅

第 4 篇：肥皂

看来我是没法儿离开这里了，克莱尔心想。她周身开始散发出一股味道，究竟是什么味道很难说清楚。

如果正如她愈发担心的那样，这里将成为她永远的家——没有任何漩涡能把她重新带回那妙趣横生的化学课堂——那么这一切就需要去改变。

首先，她要好好洗个澡。她需要肥皂。

要了解肥皂的工作原理，首先得了解污垢的原理。大多数东西，包括人体，之所以会变脏，是因为不断产生的油脂。

例如，我们皮肤中的油脂会与泥土混合在一起，难以去除。油的问题在于它不喜欢水。它是"疏水的"——也就是排斥水，所以两者不会融为一体。

这就是长距离游泳运动员会在身体上涂上一层油脂的原因：这层油脂是将身体与冷水隔开的屏障。

这也是只靠水不能清洁油腻的盘子或一身油污的人的原因。

而这使肥皂有了用武之地：肥皂可以让油与水融为一体。

肥皂分子的一端与油脂一样具有疏水性。这是一种很长的油性碳氢化合物，会与油分子结合。

肥皂分子的另一端则是亲水的——它是极性的，能与水分子结合。所以肥皂分子就像一座把这两种"敌对"物质连接在一起的桥梁，从而让水洗掉油脂。

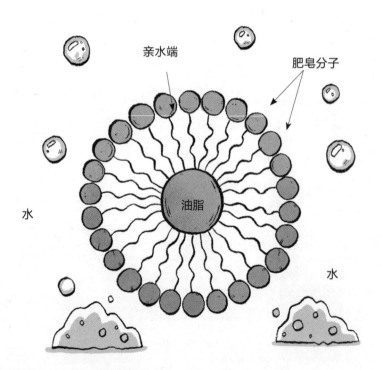

可是如果你生活在石器时代，你要怎样造出这样一个神奇的分子呢？好啦，香氛沐浴露的粉丝们散一散吧——答案是动物脂肪。

肥皂其实就是脂肪酸金属盐：碱与脂肪混合在一起便会形成它。

现在，得到脂肪对克莱尔来说当然不是问题，只要有动物就好。

事实证明，得到碱也没有那么困难。还记得她和石器时代部落的人们是用什么做饭的吗？碱就来自于克莱尔用来给陶器上釉的木头灰。

灰是木头中没有被燃烧的物质，其成分是不同矿物质的化合物。而让克莱尔感兴趣的则是木头灰中那些能溶于水的化合物。

为了制作碱——在这种情况下，她制作的将是钾碱——她需要在锅里放入一些木头灰，撇去漂浮物，然后把液体倒进另一个浅锅里，留在锅里的则是不能被溶解的物质。

再将浅锅里的液体蒸发掉，就得到了她想要的化合物。

接下来要做的便是将这些化合物与沸腾的动物脂肪混合在一起，制成人类的第一块肥皂——尽管并不是带有淡淡香气的那种。

至少，大家都可以洗澡了。

不过对于未来，这种基础的清洁还远远不够。

有一天，肥皂将关乎生死。洗涤能力，真正的洗涤能力，意味着成千上万的人可以共同居住生活。

它是我们对抗疾病的第一种武器——到 21 世纪仍是如此。

但在当下，只要身上没有异味，克莱尔就谢天谢地了。或者更确切地说，这是自她来到这里之后，身上第一次没有散发出奇怪的味道。

第五章

化学反应

本章介绍

化学反应

本章你将学到：

- 放热反应
- 吸热反应
- 活化能
- 催化剂与反应速率
- 可逆反应

在开始阅读本章之前：

化学反应中最重要的甚至并不是其中的某个化学试剂。

反应过程中，元素结合成化合物，而化合物又会变成其他的化合物。

它们或形成或打破那些将它们连接在一起的化学键纽带，从而形成了我们所见到的这个世界的所有化学物质。

但是，如果少了一种东西——宇宙中最重要的那个东西——一切都会变为无稽之谈。

狮子试图咬住羚羊，它最终的目的正是要得到这种珍贵的东西，而羚羊也是靠这种东西来摆脱狮子的追捕。

正是这种东西赋予 DNA 分子以意义，同时赋予含有 DNA 分子的生物以生命。

你问这种东西到底是什么？能量！

本章将讲述可以释放能量以及需要消耗能量的化学反应，并且讲述如何启动化学反应，如何加速反应进程，以及有时候如何使反应向反方向进行。

放热反应

澳大利亚丛冢雉（又名灌丛火鸡）体长 70 厘米，不会飞。

它们对澳大利亚丛林的生态系统至关重要——这种动物会帮忙回收森林里那些为土壤提供养分的植物残体。

不过这种闹腾的动物如果出现在花园里会让人非常头大，因为虽然大多数鸟都会筑巢，但很少有鸟巢会和汽车一样大。

在交配季节，雄性丛冢雉会收集成吨的树枝和树叶，并将其堆积起来。你根本想象不到它们能堆多高。光是在灌木丛中看到这一景象就够令人感到诧异了，如果同样的

场景出现在悉尼某人家的后院中,你觉得会怎么样?

它收集植物的速度如此之快,以至于你早晨去上班时草坪还是平坦整洁的,晚上回到家却发现,这里成了堆肥厂!而且还有一只鸟在看守,就像在宣布"这是我的地盘"。(鉴于澳大利亚本土动物保护法,它这样做确实没关系。)

面对一堆蒸气腾腾的堆肥和一只在巡逻的愤怒大鸟,澳大利亚的家庭也许会合理地质疑为什么它需要一个那么大的巢。问题的线索就在"蒸气腾腾"。

是什么导致了"蒸气腾腾"？

大多数鸟类通过坐在蛋上来保持蛋的温度，它们用身体的热量确保蛋不会变冷。

但这乏味又耗时——同时也意味着它们在这个过程中很容易受到捕食者的攻击。

丛冢雉可没有这些麻烦。它们筑巢时会利用所谓的放热反应。

从丛冢雉收集的植物开始枯萎的那一刻起，微生物就开始分解它们——于是植物残体变成了堆肥。

植物中含有许多通过化学键结合在一起的元素。要想打破化学键，就需要吸收能量，而形成化学键又会释放能量。

还有一部分能量用于促进新化学键的形成。但至关重要的是，如果打破旧化学键所需要的能量小于形成新化学键所释放的能量，多余的能量就会以热量的形式被释放出来。

这种热量使丛冢雉巢穴里的温度达到 33 摄氏度左右并产生蒸气：这正是它们孵蛋所需的温度。

如果雌丛冢雉出现并在巢中下蛋，并且雄性已收集到了足够多的植物，它们就不再需要自己亲自坐到蛋上去孵化了。

丛冢雉特伦斯醒了。他感觉不大对劲，莫名地躁动不安。空气中弥漫着浪漫的味道。特伦斯需要找到他的特蕾莎。

正如所有浪漫的丛冢雉都知道的那样，要赢得一位美丽女士的芳心，就需要会制作堆肥。特伦斯收集了很多枯死的植物——它们的化学键中储存着能量。

在堆肥中，微生物开始分解化学键——并为接下来的化学反应提供活化能。

我们的英雄就像古代的骑士一样，站在堆肥旁边，与每个愤怒的澳大利亚人进行着斗争，因为这些澳大利亚人并不希望他们的草坪上莫名其妙地出现一吨堆肥。

看到如此一堆令人瞩目的热气腾腾的腐烂植物，雌丛冢雉特蕾莎激动地晕了过去。

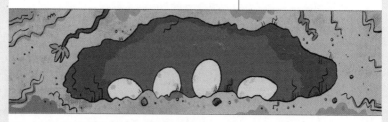

在堆肥内部，放热反应正在进行。分子内部的化学键形成，释放热量。这是特伦斯和特蕾莎孵蛋的理想之地。

堆肥内的热量帮他们孵蛋，他们则无忧无虑地享受着二人世界，在丛林中浪漫地散步，并一同击退每一个入侵者。

吸热反应

如果情况相反呢？

如果组成新化学键的过程中，不是所需能量较少，而是所释放的能量较少，会有怎样的结果呢？

我们称这样的反应为吸热反应，顾名思义，它会吸收能量。

日常生活中吸热反应很少见。如此罕见以至于会让人感到奇怪——甚至觉得诡异。

想象一下，如果壁炉让房间变得越来越冷，或者你出去跑步却在最累的时候想套上一件毛衣。

或者，堆肥并不是在加热以保持一定的孵蛋温度，而是在进行冷却。

当然，我们也有可以进行冷却的设备，例如空调或冰柜，但它们的原理并不是某个化学反应。

我们的确偶尔也会使用冷却反应。例如将硝酸铵放入水中，水会很快变凉：这个反应就是吸热的。

这种反应在我们日常生活中有很大用处。例如利用这种原因制成的冰袋，可以用来冷敷以减轻踢足球过程中受的伤，还可以在野餐时用它包裹饮料瓶身，冰镇瓶中的饮料。

冷却包

这就是吸热反应的全部了吗?

其实还有另一种反应,可以说它比能冰镇饮料的反应更加重要。

它涉及一种非常擅长从阳光中获取能量并利用它将二氧化碳转化为糖和氧气的分子:我们称这个过程为光合作用。

在堆肥释放能量之前,光合作用利用吸热反应收集能量。

如果没有这种特殊的吸热反应,就不会有植物,不会有丛冢雉——也不会有人因为他们可爱的草坪被大型鸟类筑巢而恼火。

化学反应速率

2016 年,日本一家塑料回收厂发生了令人大吃一惊的事情。

在一堆阳光下已经慢慢变色的废旧瓶子中,人们发现了一种新的细菌:一种吃塑料的细菌。

进化就意味着物种要利用不断变化的环境寻找能量、繁殖并走向兴盛。这些吃塑料的细菌正是这样。

塑料需要数百年的时间才能被自然分解，这个过程会严重污染环境。但这并不是因为塑料对环境有什么特别的承受能力。

这是因为塑料完全是人造的——直到100多年前，大自然中还从没有过这样的东西。大自然中还没有任何事物能适应这种物质。

但这并不意味着大自然就注定无法适应它，毕竟地球历史上也曾有过一段没有任何事物能适应氧气的时间。

靠山吃山，靠水吃水

正如一位科学家在发现细菌时所说的那样："假设你是这家回收厂的细菌，你突然能吃其他细菌不能吃的东西，这就是一个巨大的优势。"

不仅仅是细菌，分解塑料同时也是环保主义者的远大目标之一。

那么我们怎样才能做到呢？

研究人员在研究细菌是如何做到这一点时发现，这种细菌进化出了一种酶——这是一种生物版本的催化剂。

催化剂有很特别的作用，它们有助于反应的进行，却不会在反应中被耗尽。它们使化学反应加速，有时会让反应进行得十分剧烈。

用小麦制作面包时，我们使用酵母中的催化剂来分解面粉中的糖分。

制造肥料中的氨时，我们使用铁催化剂使氮和氢结合在一起。

这两种情况中，催化剂大大加快了反应速度，但它们自身不受任何影响。

日本回收厂的细菌则充分表明了催化剂在加快化学反应进程上是多么神通广大。

通常需要几十年或更长时间才能完成的事情，催化剂在几天内就能实现。

加热也可以！

虽然催化剂很厉害，但它们并不是加速反应的唯一方法。

从根本意义上讲，化学反应的发生是因为反应物们碰撞到了一起。

那么要想使反应进行得更快，让反应物们更加频繁地碰撞就是个很好的主意——要知道，碳原子如果不撞击氧原子可是没法产生二氧化碳的。

那么我们如何才能让原子与原子之间发生碰撞呢？

让它们更快地移动！

可是怎么才能做到呢？

在化学里，物质中原子的平均速度还有另外一个名字：温度。热量是一种衡量原子振动快慢的标准。

所以为了让它们能移动得更快，开始加热吧。

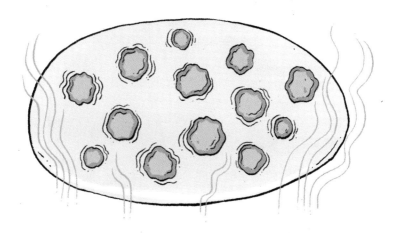

或者试试切碎它们？

虽然我们可以将某些东西加热到你想要的温度，它们的原子也会振动得越来越快，但如果这些原子中的大部分根本没能击中它们要与之发生反应的另外一种物质，那也是徒劳。

为了确保要发生反应的不同物质的原子能碰撞在一起，我们可以增大反应物的表面积。

如果你击沉了一艘铁船，一个世纪后你得到的是一大块生锈的金属。

但如果你把铁屑撒到海里，一个世纪后你肯定一无所获。

如果你用火烤面包，你会得到烤面包片。

但如果你试着点燃一堆制作面包的面粉（拜托你可千万不要这样做），便会发生爆炸。

因此，就算科学家们想使用塑料催化剂，在使用之前，他们还是会先去尝试另外两种方法：把那些废旧塑料瓶磨碎以增加表面积，或者加热它们。

加速化学反应的办法

- 切碎
- 加热
- 加入催化剂

可逆反应

你不能将煮熟的鸡蛋变生。化学反应只有一个方向——不可逆转。

等等，确定吗？

1798 年，为拿破仑服务的化学家克劳德·路易·贝托莱坐在埃及的湖边。

当时，所有人都认为化学反应只会向一个方向进行。例如，你可以燃烧一根木头来制造烟雾，但你永远无法收集这些烟雾来重造一根木头。

但是贝托莱注意到湖边有一些不寻常的东西：碳酸钠沉积物。

按理说不会发生这样的事呀。这就相当于试图用烟雾做木头。

这是一个盐湖，这意味着它的湖水很咸。这是因为它从周围的岩石中吸取矿物质，而且水在高温下不断蒸发——继而增加了矿物质的浓度。

贝托莱知道这个湖中含有碳酸钠和氯化钙。

不仅如此，他还知道这些物质可以通过化学反应形成氯化钠和碳酸钙。

碳酸钠和氯化钙反应形成氯化钠和碳酸钙

按理说这里不应该出现碳酸钠，但它确实就在这里。

贝托莱意识到一件事：这里的湖水不只是很咸，伴随着来自沙漠的炎热，湖水蒸发，它会变得越来越咸。

我们只想到一个方向的化学反应。

铁和氧结合在一起形成氧化铁，也就是我们常说的铁锈。

木材中的碳和空气中的氧气结合在一起形成二氧化碳。

如果这并不是故事的全部呢？

通常情况下，化学反应会朝一个方向进行，但在某些特殊条件下，比如反应的产物浓度过高，化学反应会向另一个方向进行吗？

这听起来好像不太现实——就有点像在说，如果空气中的二氧化碳过多，燃烧木材会形成更多的碳而不是消耗它。

可在这个湖中，这一切的确正在发生。

后来的化学家们绞尽脑汁，想弄清楚到底发生了什么。

有些化学反应一直都是双向的。在湖中，在碳酸钠和氯化钙反应形成氯化钠和碳酸钙的同时，相反方向的化学反应其实也在进行着。

当氯化钠和碳酸钙不多的时候，你根本注意不到这一点——因为第一种反应方向占据主导。

但是随着这两种物质浓度的增加，反方向的化学反应也开始变得明显。

最终，两个方向的化学反应达到了相同的速度。

碳酸钠和氯化钙反应形成了氯化钠和碳酸钙，
氯化钠和碳酸钙反应形成了碳酸钠和氯化钙

一旦氯化钠和碳酸钙超过这个浓度——我们称之为平衡状态——另一个方向的化学反应便开始占据主导。一切就好像被逆转了，就像碳从空气中突然冒出来变成木材一样。

这可并不是唯一可以反过来的事情。如果化学反应在一个方向上是放热反应，那么在它的反方向上就是吸热反应。

对了，在2015年，科学家们确实成功地让煮熟的鸡蛋"重生"了。

这项实验极其复杂，他们设法解开了一个熟鸡蛋中的蛋白质，并重新制造出一开始的生鸡蛋混合物。

不过，对于那些开始过度兴奋的实验人员来说，他们应该知道这里有一个问题。

让鸡蛋"重生"的过程需要将煮熟的鸡蛋与尿素混合——尿的成分之一。嗯！

一句话总结：别这么大反应，化学反应没那么复杂！

你需要知道的

- 放热反应释放热量，这也就意味着反应中组成化学键所释放的能量大于破坏化学键所用到的能量。

- 吸热反应吸收热量，这意味着反应中组成化学键所释放的能量少于破坏化学键所用到的能量。

- 无论是放热反应还是吸热反应，通常都需要活化能——例如需要在初期加热才能启动化学反应。

- 有些化学反应是可逆的。通常情况下，物质 A 通过化学反应会变为物质 B，但是当 B 的浓度超过一定比例时，整个反应就会开始向反方向进行。

- 使用催化剂能使化学反应进行得更快，当我们将反应物互相接触的表面积增大或加热到一定温度时，也能加快化学反应。

穿越时空的化学之旅

第 5 篇：肥料

克莱尔在石器时代所认识的新朋友，就是 30 万年后人类学家所说的"狩猎采集者"们。

顾名思义：他们狩猎，采集。每天早上，他们就开始劳作——徒步穿越森林、跟踪猎物或在灌木丛中寻找水果和坚果。

在靠陶器和火的荣耀生活了几个星期后，克莱尔有些不那么高兴了，她得到越来越多的暗示——"您也应该帮忙干点儿活了"。

分肉的时候她能感受到刻意的一瞥。当采集的人们归来发现她在盆里泡脚，同时还在试图说服一个孩子为她扇风，她听到了意味深长的叹息声。

但克莱尔心想，她可不是一个喜欢徒步旅行的女孩。她已经见识到了别人双脚的样子，坦白说，她绝对不想和他们一样也双脚长茧。

她懒散地嚼着香蕉，无视摘香蕉女人的怒目相向，她想到了一个解决方案——农业。

为什么还要大老远地寻找食物，如果在洞口就能直接种植一些呢？

克莱尔这就开始打造她的花园，她收集种子并将它们种植在洞穴周围。

当它们发芽时，克莱尔兴奋地看着它们。希望的绿芽伸向太阳的方向。她小心翼翼地照料它们，娇嫩的叶子在微风中摇曳。

可接下来，嫩芽开始一个接一个地枯萎。

它们需要更多的养分。克莱尔决定要给它们一些尿液。

除了水、阳光和二氧化碳，还有一种我们需要提供给植物的最重要的化学物质，这便是氮。

氮是植物用来制造叶绿素的物质，叶绿素能将阳光转化为能量。没有氮，植物就会死亡；有了它，植物就能茁壮成长。

好在，氮无处不在——空气中氮的含量比任何其他气体都要多。

然而坏消息是，植物很难从空气中获取氮元素。

不过，植物很容易从土壤中收集它。

有没有一种让氮进入土壤的最简单的方法？有，那就是通过我们的排泄物。

尿液中含有一种叫作尿素的物质。它是身体不需要的东西，所以我们会以尿液的形式将它排出体外。

但对于植物来说，尿素非常重要——尿素的分子式是CH_4N_2O，它含有大量的氮。

使用尿素需要稀释。稀释的比例取决于尿液的浓度。通常建议用六份水来稀释它——大概就是你制作橙子汽水时使用的比例。

接着就可以将稀释好的液体泼洒在土壤上了，你将观察到植物快速地生长。

在连续几天让石器时代的人不停喝水，然后指示他们直接在花园里解手后——当然这并不能显著改善她和他们之间的关系——克莱尔有了一个更好的主意。

获取尿液并不是她能得到氮的唯一方法，因为人类并不是唯一能够排泄氮的动物：鸟类和蝙蝠也可以。

在19世纪，哈伯法（见第九章）被发明之前，鸟粪曾是地球上最重要的资源之一。

在太平洋中的一个岩石岛屿上，几千年来，鸟类一直在那里排便，那里的整个采矿作业都是用来向岛外出口鸟粪。

在克莱尔居住的洞穴后面，蝙蝠也在那里排了几千年的便，这样一来她也有相同的资源了。

（她可以随便利用这些粪便，而再也不用和她的新朋友们表演哑剧。她是真的不想继续那种尴尬。）

在接下来的几个月里——又是铲蝙蝠粪便，又是收集尿液——嫩芽长成了茂盛的植物，最终呈现在克莱尔眼前的是果实累累的灌木丛。

这群石器时代的人们不需要再去丛林中寻找食物了：食物自己找上了门。最主要的是，克莱尔自己再也不用远足去寻找食物了。

不过考虑到肥料中的那些秘密成分，她需要加倍小心，确保清洗干净了再吃。

第六章

电化学

本章介绍
电化学

本章你将学到：

- 电池
- 电解
- 燃料电池
- 氧化和还原反应

在开始阅读本章之前：

这也许是科幻小说中最著名的场景了。维克多·弗兰肯斯坦站在一具毫无生气的尸体旁，尸体是他用从多个棺材中盗取的各个身体部位缝合而成的；接着他轻按开关，将"生命的火花"注入尸体中……不一会儿，这具尸体怪物开始抽搐。

凭借那股电流——那时被视为一种神秘能量——他创造出了生命，使无生命的物体变得可以移动和思考。

如今，我们通常已不再认为电力是能产生这种变化的巨大力量，它所能做的只是将烤面包机中的面包变成吐司。

　　我们也知道它并不是一种"生命的力量"，虽然19世纪的某些人对此深信不疑，但其实，它只是电子的流动：一种粒子的运动。

　　在《弗兰肯斯坦》的作者玛丽·雪莱想象出电可以制造怪物后不久，科学家们就纷纷表明其实可以用电制造出更有用的东西：例如将一种粒子变成另外一种粒子的化学装置。

　　这甚至可以和科学怪人的实验媲美，它能够将离子从溶液中提取出来，将它们变成固体状态或者喷涌而出的气体状态。

　　如果电可以改变粒子，反之亦然：不停变化和移动的粒子也可以用来制造电。

　　这样的装置我们称之为电池。

　　本章是化学与物理相遇的地方。在这里，化学反应将会产生弗兰肯斯坦的"生命的火花"。

电池

罐子上满是灰尘并有裂痕。金属棒生锈了，锈结块了。旁边是一根黯淡无光的金属管，上面布满凹痕。

在古代美索不达米亚的辉煌文明中——人类文明从这里开始，抄写员创造了第一份书面记录，天文学家首次记录了宇宙天体——我们很难看出这些东西有什么特别之处。

但是，当德国考古学家威廉·柯尼希在 1938 年偶然发现它们时，他有了不一样的想法。

他认为，这些有着 2000 年历史的普通物件，一定比附近乌尔的著名金字形神塔更加别具匠心，它们也比那些寺庙中精美的美索不达米亚艺术品更能证明人类的创造力。

原因就在这些物件的连接方式上——这也是许多（或者大多数）考古学家没有注意到的。

金属管紧贴在罐口处。铁棒被放在罐子里面，却并不接触罐的侧面。当柯尼希更仔细观察时，他在铁棒上发现了被腐蚀过的痕迹，就像被酸腐蚀过一样。

他宣称，这是一块电池。

现如今的电池结构异常复杂。

人们运用化学和物理原理来制造这种能给手机提供能量的轻巧又强大的设备，已经花费了数十亿英镑。

但从根本上说，它们也就由三样东西组成：两种不同的金属，我们称之为电极，以及一种电解质，这是一种含有带电粒子或离子的液体。

把这些东西放在一起是非常容易实现的。

例如，柠檬含有酸，可以用来做电解质。在它的一侧粘上一点铜，在另一侧粘一点铁，用电线将它们连接起来，就会有电流通过。这样你就轻而易举地得到了一块电池。

土豆、橙子，甚至仙人掌也都能达到同样的效果。

你问是如何做到的？尽管这看起来像是在施魔法，但其实这并不像你想象的那样神秘莫测——而且在 2000 年前人们就已经知道如何做了。

科学家们痴迷于能量这种东西。物理和化学的绝对法则之一便是能量不能被创造或破坏，在电池中也是如此。

能量不是凭空就能产生的。真正发生的是，更为活泼的一种金属例如铁，与另一种金属例如铜，发生化学反应。

人们一直认为，人类到现代才开始掌握并利用这一原理，直到柯尼希发现了这种古老的物件，今天我们把它称作巴格达电池。

他的推理是这样的：金属放好之后，罐子里会装有酸性溶液，比如醋。于是，铁被看作是其中一个电极，而铜是另一个。

两个电极之间穿过一根电线——就会有电流通过了。

我们所能获得的电压取决于所使用的金属在反应活泼程度上的差异。

最活泼	
钾	Potassium
钙	Calcium
钠	Sodium
镁	Magnesium
铝	Aluminium
锌	Zinc
铁	Iron
锡	Tin
铅	Lead
（氢）	(Hydrogen)
铜	Copper
银	Silver
金	Gold
最不活泼	

并非所有人都认同他的说法。的确，我们早就可以制作巴格达电池的现代版本了，并且用它来发电。按理说，巴格达电池也是这么用的。

问题是，人们真的会这样使用它吗？

虽然我们推测出这件人造物品可能是用来发电的，但这并不意味着它在当时就一定有这样的用途。

尤其是，这有什么意义呢？巴格达电池的时代连电器都没有，有电又能怎样呢？

这个问题没有人能回答上来——但这并不能阻止考古学家提出一些可能的应用。

第一种可能是在药用方面。希腊人喜欢在脚上放置电鱼缓解疼痛。而对于没有电鱼的沙漠文明来说，这也许是他们想出的一种更方便的解决方案？

另一种可能，这根本是一个诡计。大英博物馆的专家保罗·克拉多克十分赞同这个观点。

"我一直怀疑人们会在寺庙里装神弄鬼。"他说，"神像可以连接电线。然后，神职人员会问你一些问题。

"如果你给出了错误的答案，你在触摸神像时，便会感受到非常轻微的电击——伴随电击出现的也许还会有一道神秘的蓝色闪光。

"说出正确答案，神职人员就断开电源，人就不会受到电击。

"于是这个人从此以后就会相信神像、神职人员和宗教的力量。"

燃料电池

电池不是唯一的发电方式。燃料电池也可以做到。而且这个过程还会制造出水。燃料电池的工作原理是将氢和氧结合，同时偷偷拦截一些参与反应的电子。

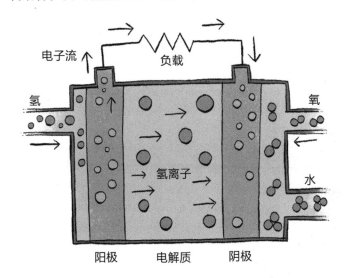

1. 在燃料电池的第一部分，氢会失去电子——于是产生了氢离子。（还记得第四章中的酸吗？）

2. 氢离子和电子会流向电池的另一侧，在那里它们与氧结合。但是，它们经过的并非同一条路。

3. 离子可以穿过液体，但电子唯一可以通过的途径是导线——于是就产生了电流。

电解

1808 年 6 月的伦敦，大家都争先恐后地想去英国皇家学会听一听一位科学巨星有关他最新发现的演讲。

汉弗里·戴维爵士果然没有让人失望。他站在一群兴奋的衣着华贵的贵族面前，他的助手推来一块巨大的电池。

接着，戴维将电池的两根电线放进一种银色液体中——人群敬畏地看着某种化学魔法的发生。

其中一根电线上，一种金属在不断积聚。而另一根电线则持续不断地冒出气泡。

戴维的讲座如此受欢迎，并不仅仅因为他是历史上最优秀的化学家之一。事实上，这跟他的身份没什么关系。

这是因为他无比风趣幽默。

小时候，他和妹妹凯蒂一起制作炸药，进行各种实验。他还经常在墙上画磷光图形来吓唬他的兄弟姐妹们，因为这些图形能在黑暗中发出令人毛骨悚然的光芒。

他对化学的巨大贡献是分离和鉴定出了九种不同的元素，其中包括钾和氯。

但他职业生涯的大部分时间都被一氧化二氮所占据——它更广为人知的名字是笑气（或许是因为戴维这人真的太有趣了）。

据说他是第一个吸入这种气体的人。吸入该气体后，人们会感觉自己仿佛喝醉了一样。戴维也觉得笑气太有意思了，于是一直致力于它的研究。

很快，英国上流社会中开始流行一种叫笑气派对的娱乐活动。当时，人们还不知道这种气体会对神经系统造成损伤。

在那个时代，科学被视为一种令人兴奋的文化活动——如果你要称自己为知识分子，那么就必须对这些事情有所了解。

诗人柯勒律治用这句话开始他对这个主题的研究："我将像鲨鱼一样攻击化学！"

1808 年 6 月的那一天，演讲上的听众们玩得很开心，但这并不是因为笑气——而是因为他们和柯勒律治一样，正在学习严肃的前沿科学。

我们可以从技术层面解释戴维展示给大家的这个实验：戴维通过电解的方式将一种离子化合物进行了分离。

　　当时在场的人还有另一种解释：这简直就是巫术。

　　坐在听众席的托马斯·迪布丁写道："戴维站在那里，仿佛大自然的一位强大魔法师……他让最坚硬的金属像蜡一样熔化。

　　"这种知识的力量使有学问的人感到振奋，没有学识的人感到疯狂和惊讶，讲堂仿佛瞬间成了掌声雷动的剧院。"

电解的过程有些像电池的工作原理，但是方向是反过来的。

电解质中有两种离子：一种是正离子，一种是负离子（在戴维的实验中，离子来自氧和像镁这样的金属）。

正离子希望得到电子，我们称之为还原反应。而负离子只想甩掉电子，这叫作氧化反应（尽管令人困惑的是，这个反应并不总是会涉及氧）。

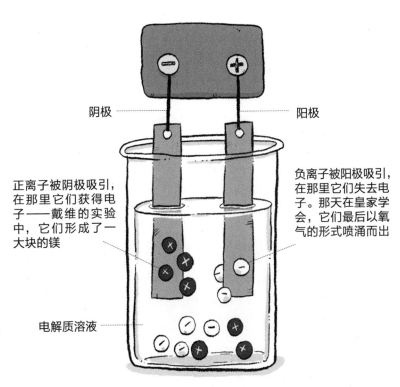

阴极

阳极

正离子被阴极吸引，在那里它们获得电子——戴维的实验中，它们形成了一大块的镁

负离子被阳极吸引，在那里它们失去电子。那天在皇家学会，它们最后以氧气的形式喷涌而出

电解质溶液

空间化学

在国际空间站，一切都会被回收利用——包括水。

汗水、尿液和废水都被会被净化，并变成可以饮用的东西。或者，用一位宇航员的话来说，"昨天的咖啡就是今天的咖啡"。

但实际上这并不百分之百正确，因为水被循环利用后，其中一部分会转化为更珍贵的东西——氧气。而这是通过电解来完成的。

水以分子 H_2O 的形式存在，但有点令人困惑的是，它自身也是一种溶液，因为一杯水中也含有 H^+ 和 OH^-。

少量水分子会形成离子，于是水也能导电。

这就意味着，就像任何其他含有离子的液体一样，如果你在其中放置一个阴极和一个阳极，离子便会被分离出来。

通过这种方式，国际空间站可以利用太阳能电池板的电力将水电解为氢气和氧气。

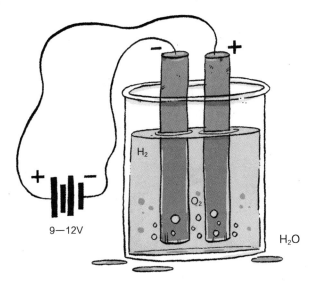

人们需要氧气进行呼吸，而氢气与宇航员呼出的二氧化碳会重新结合起来……形成水，再次用于制作咖啡。喝完咖啡就会排泄尿液，而这又被拿来制作咖啡。

这就是太空旅行的魅力吧。

一句话总结：化学无聊吗？不！它令人振奋，就像是在"充电"。

你需要知道的

- 电池，或化学电池，由三部分组成：两个由不同金属制成的电极，以及一种含有离子的液体——我们称之为电解质。在发生的化学反应中，电子聚集在其中一个电极上，因此一个电极为正，一个电极为负。

- 燃料电池利用氢和氧来制造水和电压。

- 在电解过程中，电极由含有离子的液体或溶液连接。液体中的离子通过电极得到或失去电子，最后形成元素的单质。

- 氧化反应意味着失去电子，还原反应意味着得到电子。

穿越时空的化学之旅

第 6 篇：水净化

克莱尔发现，作为来自未来的科技大师，有一点非常让她头疼，那就是人们会因为某些事情而责怪她。

大家的肚子都不太舒服，而且天气明显越来越冷了。

当这群石器时代的人捂着肚子跑到外面的茅坑时，克莱尔察觉到，他们怀疑她以及她的新奇发明有可能就是罪魁祸首。

她需要赶紧改善这里的卫生条件。是时候开始净化水了。

而净化水的最佳方法便是将其煮沸。但是加热水需要能量，冷却水需要时间，并且陶器在此过程中容易破裂。

她想到了一个新点子。同样需要陶器，还有木炭——但木炭不是用来烧的。她要把它变成一个过滤器。

不是有一种特殊的木炭吗？它被称为活性炭，听起来好像很厉害的样子。

其实你只需要把普通的木炭放回窑中，但这次需要用水喷洒窑底，接着神奇的事情就会发生了！

在蒸汽中，木炭中绝大部分的有机物质的微小颗粒都被烧尽了。

留下的是数以千计的小洞。

这种活性炭内部微孔的表面积加起来非常大，仅仅一克就相当于两个篮球场的面积。

利用巨大的表面积，木炭能够吸走污染物质。它们会被困在这些小洞里，牢牢地粘在里面——这样一来我们就能得到干净的水了。

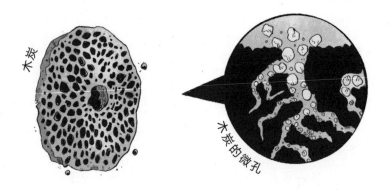

木炭

木炭的微孔

而克莱尔需要做的就是将一个罐子变成基础的过滤器：在底部打一个洞，从上面加入一层碎木炭，接着倒水……从底部流出来的就是清澈的净化水啦。

大功告成，又一个问题解决了！

第七章

有机化学

本章介绍

有机化学

本章你将学到：

- 碳氢化合物
- 醇
- 羧酸
- 聚合物和聚酯

在开始阅读本章之前：

　　当天文学家望向遥远的行星，寻找外星生命迹象时，他们并不会对那些同时也在看向我们的生命体做出很多假设。

　　它们也许很友善，但也可能很凶残。它们可能拥有两只、八只手臂或根本没有手臂。它们可能生活在海里，也有可能生活在陆地上或在空中飘浮。

最有可能的是，它们有着我们根本想象不到的模样。

然而大多数天文学家都大胆猜测：外星生命，就像地球上的所有生命一样，都建立在元素碳的基础之上。

碳很轻，分布广，而且——对生命来说最重要的是——它能以许多不同的方式与大量其他元素结合。迄今为止，人们已发现了上千万种不同的碳化合物。

它来自这个创造了生命的庞大化学工具箱，并制造酶、蛋白质和糖来保持生命的延续。从捕蝇草到伶盗龙，地球上所有现在和曾经存在的生物都离不开这一元素。

这就是为什么尽管碳只是 100 多种元素中的区区一种，却值得拥有一个专门属于自己的化学分支：有机化学。

火神庙……与碳氢化合物

在阿塞拜疆的最东端，陆地突入里海，火焰从地下呼啸而出。至少一千年以来，人们都会到这里朝拜神圣的永恒之火。

为了到达这座建于 17 世纪的火神庙，朝圣者们必须经过一些虽不寻常，但远没有那么有趣的自然奇观。

几乎可以肯定的是，目的地的神秘火焰让他们根本没有在意沿途从地面渗出的黑色液体。

这种液体是原油。里海的石油是如此丰富，以至于会从土壤中渗出。

同样从里海渗出的还有天然气。里海渗出的天然气曾引发过火灾。

乍一看，两者似乎大相径庭。一种是会从地面冒出来的黏稠液体；而另一种则是会喷射到大气中的无形气体，一旦被点燃——无论是在炊具上还是在神圣的半岛上——就会一直保持燃烧，直到耗尽。

但实际上，它们都由相同的原子组成，只是排列方式不同。它们都是碳氢化合物：由氢和碳组成的分子。

碳氢化合物的种类有很多，其中有些是液体，例如辛烷，在汽油引擎中会用到它。还有一类在室温下是气体，如丁烷，野营时被用作燃料。

碳氢化合物不仅可以用来燃烧，也能用来制作塑料、清洁剂、润滑剂、化妆品和许多其他日常用品。

这种化合物大部分都存在于朝圣者脚下咕嘟冒泡的原油当中。

为了使原油能够发挥各种用途，我们必须将其中的各个组成部分分离开来，以便以最纯粹的形式单独使用它们。

烷烃

许多原油以烷烃的形式出现。这些分子中的氢原子数等于碳原子数的 2 倍加 2。

例如，最简单的烷烃是甲烷——CH_4。

其次是乙烷。它有 2 个碳，所以就有 6 个氢（因为 $2 \times 2 + 2 = 6$）。

甲烷   乙烷   丙烷

一般来说，烷烃的分子式为：C_nH_{2n+2}。

碳原子越少，分子越小，烷烃就越容易脱离液态变成气体。或者，用化学术语来说，它们的沸点就越低。

曾在阿塞拜疆引发火灾的天然气的主要成分甲烷在自然界中就是一种气体。

更大、更重的分子会保持液态——它们的沸点也会更高。

这种特性能够帮助我们将原油进行分离，而原油是碳氢化合物的大杂烩。

　　我们会使用一种被称为分馏的方法。如果舀起一些原油并进行加热，其中不同的烷烃会在不同的温度下沸腾。

　　也就是说，很可能在阿塞拜疆的某个夏天，当温度高达 40 摄氏度时，分馏过程就慢慢开始了——首先是戊烷，室温下最轻的液态烷烃。

　　关键是，它们也会在不同温度下再次凝结成液体。这便是分馏的原理。

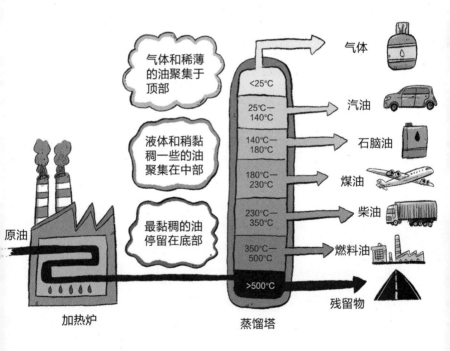

气体和稀薄的油聚集于顶部

液体和稍黏稠一些的油聚集在中部

最黏稠的油停留在底部

<25℃	气体
25℃—140℃	汽油
140℃—180℃	石脑油
180℃—230℃	煤油
230℃—350℃	柴油
350℃—500℃	燃料油
>500℃	残留物

原油

加热炉　　　　　　蒸馏塔

如今，阿塞拜疆神圣而永恒的火焰已经不那么永恒了。事实上，它在 1969 年就完全熄灭了。

在该国首都巴库，人们从地下抽取了过多的天然气用于工业，导致余下的天然气不足以维持圣火持续燃烧。

而如今，圣火重燃——但这只是因为人们为游客和朝拜者们的利益考虑，将用来供应家庭和企业的天然气部分取出输送进了神庙中。

裂化反应

烃链越长，它的用处就越小。较长的碳氢化合物——即其中原子数较多的碳氢化合物——沸点较高且不稳定，因此它们并不适合作为燃料被使用。

　　裂化是一种将长链碳氢化合物分裂成短链碳氢化合物的方法。这个过程会将烷烃加热到 550 摄氏度，通常还会加入催化剂。（还记得第五章中提到的吗？）

　　结果便是长链分子分裂成一条条较短的分子链。简而言之，长烷烃变成了短烷烃以及一些其他物质 —— 它们的名称略有不同，分子式也略有不同，这就是烯烃。

　　烯烃与烷烃十分相似，但它们的分子式不再是 C_nH_{2n+2}，而是 C_nH_{2n} —— 它们拥有的氢是碳的两倍。

　　举个例子，癸烷（$C_{10}H_{22}$）可以被转化为辛烷（C_8H_{18}）和乙烯（C_2H_4）。

癸烷

辛烷　　　　　　　　乙烯

在某些情况下，烯烃会与氢反应形成烷烃。这个过程被称为氢化。

对于化学家来说，这种反应能派上很大用场，对于食品科学家来说同样如此。氢化脂肪，也被称为饱和脂肪，它们的保质期比未氢化（或不饱和）脂肪更长，因此含有它们的食物留在超市货架上的时间可以更长。

说到不足之处的话，就是它们对人体的危害了。

醇类

1927 至 1933 年间，两个氢和一个碳的偏差导致约 10 000 人死亡。

当时，美国正进行着人类历史上最诡异的实验之一：禁酒令。酒精在全国范围内被禁止。

或者说，至少饮酒是被禁止了。但问题是，酒精的用途非常广泛——很多不同的行业仍然需要它。

这就为化学家带来了有利可图的业务。他们能够把工业酒精转化成几乎——但又不完全——可以被饮用的饮料，进行出售。

政府仍决心让这个明显不清醒的国家保持清醒，并进行了反击。他们在工业使用的纯酒精中加入了一种叫作甲醇的有毒物质，这样就没有人想喝了。

但事实上，人们还是喝了。

被添加进去的有毒物质并不是传统意义上的毒药，如氰化物。它和酒精一样，也是一种醇类。

所有的醇类都有毒性，但并非所有醇类都是一样的。有一种醇类物质确实是最终会杀死你的毒药，它首先会让人变得格外健谈，开始唱歌，跳到桌子上跳舞，甚至昏倒。

那就是乙醇，也就是我们通常说的酒精。

乙醇——金酒、金汤力、啤酒和葡萄酒等酒类的活性成分——有史以来的每个文明都制造过这种物质。

背后的原因很简单，每个人都可以在偶然间制作出乙醇。当某些含糖的东西（例如水果、大麦甚至土豆）被存放在温暖的环境中时，酵母等微生物就会开始慢慢消化它。

它们能够将糖分解成二氧化碳和乙醇——分子式为 C_2H_5OH 的物质。

乙醇有很多用途：在医学上，它是一种消毒剂；在化妆品中，它有着一系列的任务，从帮助清洁皮肤到让发胶粘在头发上；它还可以用作燃料、油漆和汽车挡风玻璃的除冰剂。

然而，一种迄今为止最受欢迎，地位也从未被撼动过的用途是：让人们勇敢地展示自己糟糕的舞技。

千差万别的醇类

正如有许多不同类型的烷烃和烯烃一样，醇类的种类也五花八门。

它们的共同点是，都以一个氢原子数是碳原子数 2 倍的碳氢化合物为基础，再增加一个氢，最后都以 OH 结尾。

名字	分子式	结构式
甲醇	CH_3OH	
乙醇	C_2H_5OH	
1- 丙醇	C_3H_7OH	
1- 丁醇	C_4H_9OH	

防冻液

啤酒

药物

燃料

其中一种名为甲醇的醇类，是美国政府过去添加到其合法乙醇也就是酒精中的物质。这样一来，他们将一种还算温和的毒药变成了可怕的毒药。

适量的乙醇，会使大脑中负责抑制或控制的部分暂时失灵。

甲醇只是比乙醇少了两个氢和一个碳——但它会致死。即使很幸运地只是适量服用，它也足以破坏视神经。

"盲目喝酒"可不是随便说说的。

羧酸

苏富比拍卖行是稀有葡萄酒的老行家了。2018 年，他们售出了有史以来最昂贵的一瓶葡萄酒：产于 1945 年的勃艮第珍品罗曼尼·康帝，以 40 万英镑成交。

如果你在苏富比购买葡萄酒，他们可以保证酒是原装正品，并且其卖家是合法所有者。

然而他们不能绝对保证的，也是最重要的一件事是：味道好吗？

73 年的时间里，葡萄酒会发生一些变化。

有时它会变得更加芳醇，品质得到提升，但如果储存不当，酒会与氧气发生反应。

如果一瓶价值 40 万英镑的葡萄酒被氧化了，苏富比有非常具体的建议："拌沙拉吃吧。"

原因是酒会变成一种特殊的羧酸——俗称醋。

与烃类和醇类一样，羧酸也是一类有机化合物的总称。它们具有不同数量的氢和碳，最后连接的是 COOH。

羧酸的作用也是不容小觑的。羧酸可以与醇类反应形成酯类——它们具有强烈的、通常令人愉悦的气味，可用于调味。

有时它们会被拌在生菜里，于是人们含泪一点点吃掉了历史上最昂贵的沙拉。

聚合物和聚酯

1953 年，剑桥老鹰酒吧的常客正在安静地享用午餐，这时，马路对面的两位科学家闯了进来。

"我们发现了！"他们高声宣布着，"生命的秘密！"还在喝酒的客人们也许对此持怀疑态度，但这两个人——詹姆斯·沃森和弗朗西斯·克里克——真的找到了生命的秘密。

在酒吧对面的实验室里，他们搭建了一个 DNA 结构模型。这种化学物质编码了一切生物的建造指令，从最小的细菌到庞大的蓝鲸。

不过，这并不完全是他们自己的杰作——甚至只有那么一点点是。沃森和克里克的研究是建立在这之前的数百项研究成果之上的。一位名叫莫里斯·威尔金斯的杰出生物学家对此问题就提出过深刻的见解，另一位聪明绝顶的名叫罗莎琳德·富兰克林的化学家也有过一个著名的推论。他们也了解到，在这条研究的道路上，他们并不孤单，科学家之间的竞争合作也给了他们强大的动力。十多年来，科学家们一直在试图寻找生命的密码。

在这段时间里，科学家们可能不知道究竟是什么储存了我们的遗传信息，但他们就遗传信息的储存方法已经达成了共识。

第一个非常关键的推论是基于一个显而易见的事实：无论是什么存储了使我们成为生物的所有信息，它都应该很小。

否则，这些信息无法被容纳在我们体内，更不用说也需要繁殖后代、传递遗传信息的昆虫和细菌了。

但这也带来了一个问题——非常小的物质一般都不会存在很久。当你变得很小时，你会被粒子的随机弹跳和抖动破坏。

因此，这些信息必须存储在能够经受住这种冲击的某种容器之中——并且能够终生保持住其结构。

那什么东西能够做到这件事情呢？一个分子足以。

毕竟，H_2O 不会无缘无故地突然分解或失去一些氢。连接其原子的力量将其固定在一起。

第二个推论说明，这个分子必须是可变的，它因生物种类的不同而不同。它需要能让人类长出头发和指甲，让蓝鲸长到楼房那么大，让蜗牛建造自己的壳。

就像计算机代码有 1 和 0，英语有 26 个字母一样，它需要一种可以按任何顺序组合排列的化学"字母表"。

换句话说，它应该是一种聚合物。

聚合物是一类奇怪的分子。它们有点像化学乐高积木——你可以将积木块搭建在一起，建一座你想要多高就有多高的塔。

最简单的聚合物都含有相同的单元结构。例如，聚乙烯就是一种聚合物。"乙烯"是指这个结构的单体，而"聚"则意味着有很多这样的单体。

聚乙烯

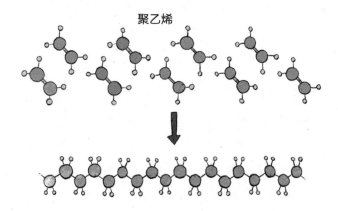

与其无穷无尽地把每个原子都写进去，我们也可以使用下面这种更简单的写法。这样一来，就只会用到它的单元结构（也就是单体）——乙烯。

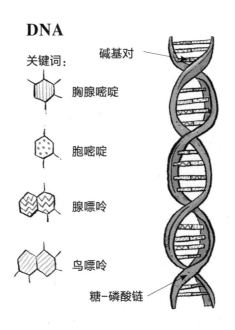

DNA

关键词：

胸腺嘧啶

胞嘧啶

腺嘌呤

鸟嘌呤

碱基对

糖−磷酸链

　　而 DNA 比这复杂得多。它包含了四个不同的构建单元，每个单元都与另一个单元环环相扣。

　　聚乙烯只是被用来做塑料袋，而 DNA 要创造能想出塑料袋制作方法的人，所以四个构建单元真的不算多了。

　　一句话总结：小小的碳走出了一条长长的路。

你需要知道的

- 油是不同碳氢化合物——一种由氢和碳组成的分子——的混合物。

- 碳氢化合物有很多不同的种类。有些碳氢化合物，比如烯烃，氢原子数是碳原子数的两倍，如丁烯 C_4H_8。

- 烷烃比烯烃多两个氢原子，例如丁烷 C_4H_{10}。

- 石油主要由烷烃组成。

- 一般来说，烷烃分子中的碳原子越多，它的沸点就越高。

- 利用沸点的不同，通过分馏的方法可以将不同的碳氢化合物进行分离。

- 通过裂化反应可以将较大的分子分解为烷烃和烯烃。

- 当碳氢化合物在氧气中燃烧时，会产生二氧化碳和水。

- 醇以 OH 结尾。

- 羧酸是被氧化的醇，以 COOH 结尾。

- 聚合物有着相当长的分子链，由重复出现的单体组成。它们可以是人造的也可以是天然存在的。

穿越时空的化学之旅

第7篇：面包

一天又一天，转眼间几周过去了，渐渐地，几个月又过去了。克莱尔适应了新生活的节奏，这是一种截然不同的生活——由阳光和雨水支配，而不是学校的钟声。

她从洞穴外面种植的庄稼中获得了一种满足。她看到这些庄稼中有一些草，它们的种子是被风从下面的平原吹来的。新的想法再次灵光闪现。

历经一代又一代之后，这些草会发生变化。它们的后代，经过数千年的耕作、培育、优胜劣汰以及自然选择，将进化出更肥硕的种子，长成更高大的植物——并且被命名为小麦。

不过，目前为止的研究表明，小麦的祖先是更娇嫩更纤细的植物，其细小的种子是为了滋养幼苗的生长，而不是人类。

我们可以加快化学的速度，却难以加快生物学的。克莱尔可没有办法让这些草的种子迅速变得肥硕。

去收集足够的这种细小种子来制作面包，真的能算是热爱劳动了，数小时的无聊工作肯定会消耗掉比食物能带来的更多的卡路里。

不过，克莱尔现在拥有两样她以前从未有过的东西，那就是时间和耐心。

她花了好几天的时间精心收集成熟的种子，用两块大石头磨碎种子并去除外壳。

剩下的是一种白色粉末：世界上第一种面粉。

面粉可能以前从未在地球上出现过，但制作面包的另一个关键成分并非如此。这种成分有着来自化学的魔力，早在人类出现之前就已经存在，这之后也一直在我们身边。

克莱尔意识到它其实已经出现在她的饮食中了——就在那些草的旁边，一些水果表皮薄薄的白色菌落当中。

它就是酵母。

制作面包似乎是一个简单的过程，但有机化学从一开始就存在。

第一步，将面粉和水揉在一起制成面团。这可不仅仅是简单的混合动作：面粉中有一种叫作麸质的蛋白质，水将这些蛋白质结合在一起，它们与氢形成化学键。

当克莱尔把手伸进面团里进行挤压和转动时，麸质长链被解开——面团也更加有韧劲了。

水不仅将麸质聚集在一起，还调动了一种叫作淀粉酶的物质。

种子内部的淀粉是植物的能量来源，用来使植物发芽并促进嫩芽生长。而淀粉本质上是连接在一起的糖分子长链。为了将其分解——并获得甜甜的美味——植物会使用淀粉酶，一种天然催化剂（见第五章）。

这就是往面粉中加水会发生的事情：淀粉酶开始工作，分解淀粉。不过，分解的淀粉不会像种子发芽时那样被植物自己吃掉，而是部分会成为克莱尔小心翼翼地从水果上刮下的酵母的美食。

酵母是一种真菌，它以糖为食。在面团里面，它开始进食了，这个过程会形成二氧化碳和酒精。

如果用它来酿造啤酒，我们会比较在意酒精。但如果是制作面包，二氧化碳则更重要。

被麸质的胶质困住的气体无处可去。相反，它会形成气泡，并在加热过程中缓慢地让面团膨胀。

克莱尔看着面团在窑里慢慢膨胀——从里面还飘出她本以为再也闻不到了的新鲜面包的味道。

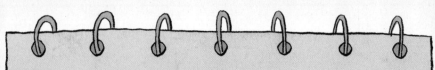

史前面包食谱：

材料

1. 大量的草籽。

2. 更多的草籽。

3. 再来一些草籽。

4. 你认为已经有足够多的草籽了吗？没有。请再去找草籽吧。

5. 与后来进化出的小麦的种子相比，草籽真的非常小。请找来更多的草籽。

6. 水。

7. 真菌（从一些水果表皮上刮下来即可）。

步骤

1. 用石头研磨草籽，直到出现白色粉末。这会很无聊，很无聊。

2. 请躲避剑齿虎。

3. 加水，揉成面团。

4. 加入来自水果表皮的真菌，并放进烤箱进行烘焙。

5. 哦，等等，并没有烤箱。那还是先制作烤箱吧。

6. 这下可以将面团放入烤箱进行烘焙了。

* 以上仅为制作过程模拟，请勿食用其中的材料、半成品及成品。请勿在无安全防护的情况下接触真菌。

第八章

化学分析

本章介绍
化学分析

本章你将学到：

- 色谱法
- 焰色反应
- 光谱法
- 气体检测

在开始阅读本章之前：

现代化学使我们能够以错综复杂的方式精确地推算出一种物质与另一种物质在进行化学反应时，到底发生了什么。

我们已经了解到钾被浸入水中会发生什么；也知道碳酸钙遇到酸雨会发生怎样的变化（这个反应会慢得多）。

我们认识了电子层和离子键，碳氢化合物的裂化反应，还有放热反应。

然而，我们还需要了解另外一件非常关键的事情，否则上述所有知识都变得没有意义。这就是：我们正在使用的化学品到底是什么？

如果作为一位化学家，你得到了一种粉末状的物质，你将如何分析出它的成分？

多年来，这个问题让不止一位化学家感到难堪和尴尬。为了找到问题的答案，科学家们利用不同化学品在燃烧、溶解和反应时的不同特性，研究出了一系列的测试方法。他们将这个过程称为化学分析。

色谱仪和鞋子的神秘案件

夏洛克·福尔摩斯对泥泞的鞋子极为敏感。著名的"五个橘核"案件中，他向一位来访者打招呼道："我看见你鞋尖上粘着黏土和白垩的混合物，很醒目。"

（这可是一个能让某些人感到异常不适的问候方式。）

当然，在后面的故事中，正如夏洛克·福尔摩斯探案中那些貌似被偶然发现的细节一样，他所发现的黏土和白垩的特殊混合物对破案至关重要。

也正如华生所解释的那样，华生说福尔摩斯"一眼就能分辨出不同的土壤。散步后，他把裤子上的水渍指给我看，并根据水渍的颜色和黏稠度告诉我，他是在伦敦的哪个地方溅上的"。

这大概需要一个世纪才能学会吧。但是今天，即使没有福尔摩斯那种惊人推理能力的警察也可以通过研究土壤来破案。

这都要归功于一位名叫洛娜·道森的女性以及一种叫作色谱法的技术。

洛娜·道森在英国爱丁堡大学就读的第一年，那附近不幸发生了一起谋杀案。

有人看到两名年轻女子与两名男子离开酒馆——而第二天早上，这两名女子的尸体就被发现抛弃在8千米外的地方。

那是1977年，警察无法破案。他们找到一位嫌疑人，但无法将他定罪。

几年过去了，道森留在了大学里，专门研究土壤分析。她在自己的领域获得了一定威望和教授的职位，但那起谋杀案一直让她放不下。

她回忆道："恐惧笼罩着整个社会，在爱丁堡蔓延，特别是在年轻女性之中。"

30多年后，她被请求作为专家证人再次审查这桩案子。

警方在其中一名受害者的脚上发现了土壤样本。法庭想知道这些土壤样本是否能揭示受害者生前到过的地方。

道森意识到她可以使用色谱法提供帮助。

色谱法是一种将混合物中的每种物质单独分离出来的方法。而最简单的就是用纸。

想象一下，你将土壤——或任何其他东西——溶于水或其他溶剂。而它所含有的每种成分都有不同的溶解度，这意味着它们各需要更多或更少的水才能被完全溶解。

现在，你可以将少许土壤粘在纸条上，然后把纸的底部浸在水（或一些其他溶剂）中。水会沿着纸条渐渐向上蔓延。理论上来说，不同的溶解物会出现在纸条的不同高度位置上，并最终会形成沉淀物。

确切地说，沉淀在哪里形成取决于物质分子的可溶性，以及纸条对它们的吸附程度。

这意味着每一种物质都会留下属于自己的痕迹。

而这痕迹便透露了溶液的成分。

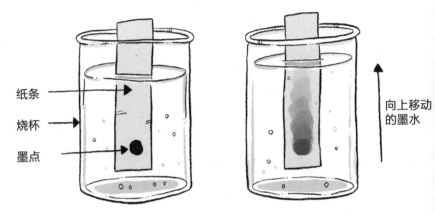

纸条
烧杯
墨点

向上移动
的墨水

纸被称为"固定相",水渗入纸中并向上移动,因此被称为"流动相"

就土壤而言,每块田地的土壤都是不同物质的独特混合物,这意味着一份土壤样本可以告诉你它来自哪里。

然而在现实中,这种最简单的方法很难用于分析土壤这样复杂的物质——它更适合分析墨水这类物质。

尽管道森教授使用的是更精确的气相色谱法,但其原理是一样的。

通过分析其中一名被害女性脚上的泥土,我们可以推断出她们生前的最后踪迹,并重现真实的案件过程。结果证明,这与重大嫌疑人所讲述的故事完全矛盾。

正如福尔摩斯所说的那样,这都只是"基本常识"而已。

焰色反应

16世纪的英国女王伊丽莎白一世钟爱精彩的烟花表演，以至于她在宫廷中设立了一个新的职位。

除了财政大臣和枢密院议员，女王还有一位她同样器重的大臣：烟火师。

烟火师的唯一工作便是制作华丽的焰火取悦女王。

在那个时代，烟花风靡整个欧洲。贵族们争先恐后地打造最好的烟花表演，有时都做得有点过头了。

有一次，在访问沃里克时，当地的领主极想给他的女王留下一个好印象。为了向她致敬，领主举行了一场模拟战斗，用大炮向天空发射烟花。

不幸的是，他为他的热情付出了不小的代价。正如一位年代记编纂者所记录的那样，"不管是由于疏忽还是其他原因，火球落入了附近的房子里"。

火球"飞过城堡，坠入城镇中心……这让居民们感到非常震惊和害怕"。

人们的害怕当然可以理解——因为至少有一个人在这次事件中丧生了，而伊丽莎白女王不得不道歉并支付赔偿。

如果过程万无一失，没有意外发生，这无疑是一场让对烟花要求极高的女王也会感到百分之百满意的表演。但还是缺少了一样东西：色彩。

　　所有的烟花，不管是给女王留下深刻印象的，还是掉进房子里的，它们都由能够爆炸的火药制成，且只能呈现白色。

　　直到 19 世纪，人们才目睹了绿色、蓝色和红色的烟花——像花朵一样顷刻间绽放在夜空中。

　　这时，烟火师们从物理学家（他们甚至了解火箭）摇身一变成了化学家。

　　不同元素的化合物燃烧过程中会呈现不同的颜色。

　　例如，钠化合物燃烧时火焰呈黄色。

　　而锶盐燃烧时的火焰则是红色的。

　　把这些不同的物质放入烟花中，你的篝火之夜庆祝活动便从单色变成彩色的了。

　　但这些知识还能派上更多用场——至少当你是一名想致力于研究神秘混合物成分的化学专业学生时能用上。

锂（红色）　钠（黄色）　钾（淡紫色）　铷（红紫色）　铯（紫色）

钙（橘红色）　锶（大红色）　钡（绿色）　铜（蓝绿色）　铁（橘棕色）

金属离子在火焰中被加热时会呈现不同的颜色。
为了测试它们，可以用一个线圈蘸取一些化合物样品，
然后将其放入本生灯中进行观察

焰色反应是分析金属化合物的一种简单方法。

这同时也是打造烟花表演的一种方法，甚至会让女王伊丽莎白一世惊叹不已——要知道，女王可是已经见过相当多的壮观烟火了。

常见的气体测试

- 氯气会使石蕊试纸变白
- 氧气会重新点燃已经烧热的木片
- 石灰水中注入二氧化碳会变浑浊
- 点燃的木条放在装有氢气的试管口时会发出爆鸣声

光谱法

皮埃尔·让森有那么几天很艰难的日子。

这个法国人从法国出发，乘坐蒸汽机船绕过好望角，穿越两个大洋在印度登陆，把一箱箱的科学设备运到内陆。

然后，他小心翼翼地调整了所有的仪器，并在贡土尔的一个临时前哨安顿下来——这一切都是为了迎接1868年的日食。

但是当他到达那里时，天气极其糟糕。

他感叹道："下了这么多天的雨……难道这就是命吗?!"

幸运的是，这场雨在日食开始前竟然奇迹般地停了。就在月球即将与太阳对齐的那一刻，太阳"闪耀着所有的光辉"。

接着，让森看着月亮慢慢地吞噬太阳，直到只剩下一个包裹着虚空的明亮圆圈。

这时，他还看到了比日食更令人吃惊的事情。

让森之所以长途跋涉至此是因为他知道，当太阳只剩下一小部分时，他就能不受其他刺眼光芒的影响，清楚地观察到它的大气。

他带来了一种设备，这种设备可以在大气层中寻找一种叫作光谱线的东西。

当一个原子被加热——在火焰中，或者我们说，在太阳系里最热的物体中——其电子会获得能量。

用研究亚原子世界的科学家的话说，电子会被"激发"。

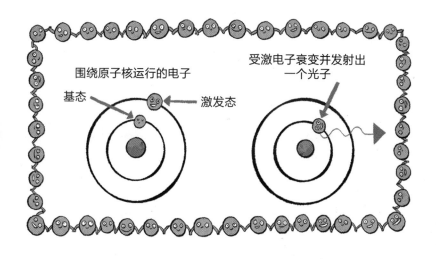

被激发的电子偶尔会下降到一个能量较低的地方，但随后会将失去的能量以光的形式发射出去。反过来也是如此——击中电子的光可以被吸收并激发电子。

任何见过彩虹的人都会告诉你，并非所有的光都是一样的——它由许多不同的颜色组成。

有些光，例如红色，具有较长的波长。而有些光，比如紫色，波长则较短。

电子所发射或吸收的光也是如此。每种元素所发射或吸收的光都有一组独特的波长。

当天文学家研究遥远的恒星发出的光芒时，他们会使用仪器将光分离成光谱，能看到的是一系列的线条——样子有点类似于条形码。由此，他们可以推算出这颗恒星是由什么物质构成的。

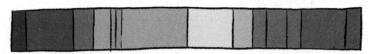

太阳大气中的氦气只吸收特定频率的光，并在光谱中留下这样的谱线（在灰度图像中会有些难以识别！）

当让森观察太阳的大气层时，他发现光谱线有些不对劲。其中有一些谱线出现在不应该出现的地方——换句话说，它们出现在不与任何已知元素相对应的地方。

他说："有两个光谱，由五至六条非常明亮的线条组成，它们分别是红色、黄色、绿色、蓝色和紫色。"

让森做出了他认为唯一合理的推断：这是一种未知元素。

这种元素被称为氦（Helium），源于希腊语中的太阳（helios）。

但世界是怎样对待他的发现的？他们笑了！

怎么会有一种数量如此多而我们却不知道的元素存在呢？每当科学家们制造出一些新型混合物时，他们都会互相开玩笑说道："看！那是氦！"

让森继续着他的研究事业，他被全世界怀疑——但他并没那么容易被吓倒。

他去日本观察金星在太阳前的运行轨迹，他登上勃朗峰，透过更稀薄的大气层观察星星。

在普法战争期间，当巴黎被围困时，他乘坐热气球逃离了这座城市，只为看到另一场日食。可惜那次乌云未散，就算他使出浑身解数，还是错过了日食。

尽管如此，还是没有进一步的证据能证明他所说的元素氦的存在。

将近 30 年后，人们才弄清楚缘故。没有人注意到氦气的存在，是因为它实在是太轻了。

每当它在地球上被制造出来，就会马上飘走，逃入高层大气和太空。

这使得这种气体极其适合用于热气球飞行，让森如果知道这件事肯定会相当激动。

哈勃空间望远镜

光谱学是一门相当严肃的学科，必须被谨慎对待。天文学家爱德温·哈勃在某一天的晚上发现了一个似乎富含钾元素的星系。他非常兴奋。

经过一番思索后，他意识到他的设备只是吸收了他用来点燃烟斗的火柴中的钾。

在他去世近 40 年后，人们制造出了一种不会犯这种错误的设备。于是一台以哈勃的名字命名的望远镜被送入太空。

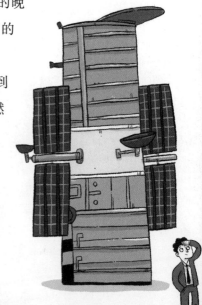

跟望远镜一起升空的还有一台"光谱仪"。它能够分析遥远星系以及附近行星的化学成分，并首次探测到了木卫二欧罗巴上的水蒸气羽流。

它是如此精确和强大，以至于如果它转过身来对准地球，它可以很精准地发现爱德温·哈勃点燃了一根火柴。

一句话总结：正如夏洛克·福尔摩斯在一条不仅适用于追查凶手，还有助于检测金属化合物的原则中所说的，"我们评估概率，选择可能性最大的。这是想象力的科学应用"。

你需要知道的

- 化学家们设计了许多方法来确定未知物质中含有哪些化学物质。

- 在色谱法中，首先将物质置于试纸上，然后将试纸浸入水或其他溶剂中，观察不同成分如何沿着试纸上升并彼此分离开来。

- 焰色反应之所以有效，是因为不同的金属化合物燃烧时，火焰会呈现出不同的颜色。

- 光谱法利用了这一事实：气态元素会发出特定波长的光，并在光谱上以特征线的形式呈现出来。

穿越时空的化学之旅

第 8 篇：制冷

克莱尔有干净的水喝，也有一个可以用来喝水的杯子，而且身上再也不会散发奇怪的味道了。遥望史前的日落，她满意地认为自己和这些石器时代的人们已经掌控了他们周围的一切。

不过，仍有一些事情困扰着她。例如，如果水是冰冰凉凉的，岂不是更好吗？

是的，这的确会更好。但没有电，这怎么实现呢？

答案就来自于古埃及人的大智慧呀。

古埃及卷轴中记录着埃及奴隶为陶罐扇风的情景。一些科学家认为他们知道这背后的原因：古埃及人也许拥有一种锅中锅形式的冰箱。

锅中锅冰箱进行冷却的原理与出汗降温的原理相同——利用蒸发。

当水蒸发时，液体变为水蒸气，会带走它所在表面的热能。因此，当你出汗时，汗水蒸发会使你皮肤的温度降低。

如果有风吹过，你会感觉到更冷，原因是风吹走了新蒸发的气态分子，让更多其他液体分子取而代之继续蒸发。

锅中锅冰箱就是一种使一锅水"出汗"的方法。

克莱尔只需要一个没有上釉的大锅——这意味着水能够渗透整只锅——以及一个较小的，且上过釉的锅。

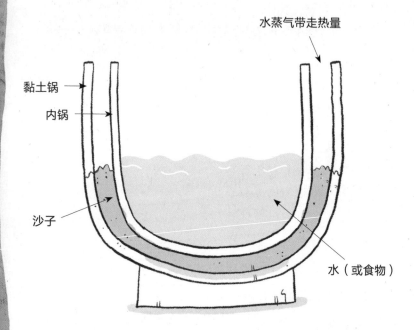

水蒸气带走热量

黏土锅

内锅

沙子

水（或食物）

终于，克莱尔喝到了一杯冰冰凉凉的水。她边啜饮着杯子里冰凉的水边想："一切该结束了吗？是时候休息了吗？"

不，她想，她还有最后一项伟大的化学发明要送给石器时代的人们，这样一来就能确保自己的名字和事迹永垂青史了……

第九章

大气层与环境

本章介绍
大气层与环境

本章你将学到:

- 大气层的组成部分
- 温室效应
- 哈伯法

在开始阅读本章之前:

我们很少思考有关空气的事情。

我们每天都在考虑水的问题——尤其是在天气炎热的时候。我们更多地考虑食物:购买有关它的书籍,谈论我们吃了什么,还会观看有关它的电视节目。

但电视里很少有关于空气的节目,尽管人们可以在没有水的情况下生存数日,在没有食物的情况下生存数周，而在没有空气的情况下只能生存几分钟。

　　大气不像一座山一样，静静地屹立在那里。它是一个不断变化不断循环的气体平衡系统——能够维持或摧毁生命。在过去很长一段时间里，这种平衡多次被打破，造成的后果便是大灭绝。

　　本章将介绍来回进出我们肺部的三种气体，这三种气体直接或间接维持着我们的生命。

　　第一种是氧气，它会进入肺部，并由血细胞运输至全身，以保持我们的身体机能正常运作。

　　第二种是二氧化碳，它以人们几乎察觉不到的含量使世界保持足够温暖，从而使我们的血液不会冻结。

　　第三种是氮气，没有它，植物永远无法提供我们生存所需的能量——人血液中的氧气帮助释放这种能量。

　　这些气体的故事并不简单，而且也无法保证它们未来仍会以我们今天拥有的精确比例继续存在。

　　所以，我们不应该再忽视它们了！

大气层的演变与发展：氧气的崛起

氧气对我们来说是生命之源。然而，在地球过去的大部分时间中，它要么根本不存在，要么致命。随着氧气含量的提升，人类也随之而崛起。

时间轴*：

45亿年前：地球形成，但那时的地球可不是人们想要居住的地方。我们无法确定那时的大气中含有哪些气体——但可以确定的是，其中没有我们呼吸需要的氧气。

43亿年前：持续的火山喷发释放出大量的二氧化碳和水蒸气。

40亿年前：地球冷却，水蒸气凝结并形成海洋，海洋会吸收一些二氧化碳并形成碳酸盐化合物——最终形成了岩石。

34亿年前：一些细菌植物学会了将阳光和二氧化碳转化为能量（这一过程被称为光合作用）——硫作为副产物形成。

27 亿年前：一种新的光合作用出现了，它可以制造氧气。这种气体逐渐增多，并增长到大气的四分之一。

23 亿年前：这种新的"有毒气体"——氧气——浓度逐渐增加，开始杀死细菌。

20~15 亿年前：随着生命的进化，其他生物不再会被氧气杀死，而是学会了利用它来呼吸。

6 亿年前：有些生物体利用氧气长得更大更快——我们称这些生物为动物。

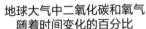

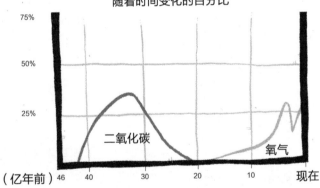

地球大气中二氧化碳和氧气
随着时间变化的百分比

*在这个时期的大部分时间里，几乎没有人类存在——大气化学家就更少了。所以，很大程度上这只是有根据的猜测！

碳循环和气候变化

有史以来最大规模的灭绝事件之一始于一个巨大的"甲烷嗝"。

大约 5500 万年前，即恐龙消失后的 1000 万年，地球大气层发生了一些奇怪的变化，它的二氧化碳含量突然飙升。

为什么会发生这种事情仍有待讨论。

一种比较可信的解释是海底火山活动导致海洋变暖，这导致大量甲烷被释放，接着发生反应生成二氧化碳。

我们如果不清楚事件发生的原因，就无法准确推知它将导致什么样的后果。但仅从地质学的角度来看，地球表面的温度基本是在瞬间飙升了 5 摄氏度——并这样保持了 10 万年。

二氧化碳是一种温室气体。温室气体——还包括水蒸气和甲烷——其实都是好东西。它们让地球成为人类可以居住而不是被冻死的地方。它们的作用是让来自太阳的热量反射回地球。太阳的能量是以一种短波辐射的方式，穿过太空，到达地球的。

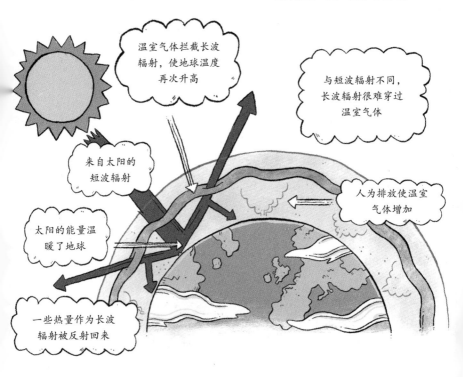

　　这种短波辐射容易穿过大气层，当它们到达地球时，会使地球变得温暖。而地球的部分热量则会以另一种辐射的形式返回太空——长波辐射，而不是太阳那样的短波辐射。与短波辐射不同的是，长波辐射很难穿透大气层。相反，它会被温室气体拦截下来。

温室气体极为狡猾。它们对太阳短波辐射是透明的，对长波辐射却不是。因此，当短波辐射射向地球并以长波辐射的形式反射回太空时，它们会被大气层拦截——然后又被反射回地球。

这样一来，地球的温度将永远高于它原本应有的温度。如果没有温室效应，我们的平均气温会处于非常寒冷的零下 18 摄氏度，而不是零上 15 摄氏度。

这就是发生在 5500 万年前的事情。突然间，数十亿吨二氧化碳进入大气层，开始反射长波辐射——简直是要把地球烤熟的架势。

在升温幅度最大的北极，海水温度达到了 23 摄氏度——这足以进行热带浮潜。

对于生活在那里的生物来说，这就是灾难。

这种温度上升比杀死恐龙的小行星还要糟糕——多达一半的海洋生物在这个过程中灭绝。

好消息是，像这样的事件极少发生。

然而坏消息是，我们正在努力促使这种糟糕的情况再次发生。

根据最近的估计，在大灭绝最严重的时期，全世界每年会排放 5 亿吨二氧化碳。

而人类工业目前的二氧化碳排放量是其 20 倍。尽管我们已经在努力减少排放量，但世界大部分地区的二氧化碳排放量仍处于增长的趋势。

这真的是再糟糕不过的情况了！

哈伯法

1934 年，德国化学家弗里茨·哈伯去世。

当他来到天国之门等待审判时，天平会向哪一边落下——天堂还是地狱？

如果某人被称为"化学战之父"，领导了德国的毒气战计划，并热情地招募了其他科学家与他一起参与第一次世界大战最大的暴行，那么最终答案应该是显而易见了。

然而不得不说，哈伯让世界上大多数人口得以生存——这要归功于现在以他的名字命名的化学技术。

哈伯法是 20 世纪最重要的发明之一，但也是最不被重视的发明之一。有一个很好的例子可以说明这一点。

与计算机、航空火箭或飞机不同，它几乎无法给人们的精神生活带来任何影响，但你体内有一半的氮是因它而得以存在的。

　　哈伯法是一种制造氨的方法，氨被用来做植物肥料。如果没有它，以及它所保障的大规模粮食生产，世界将根本无法维持目前的人口数量。

　　哈伯的目标便是找到一种使氮和氢发生反应的方法，工业量产 NH_3（氨）。

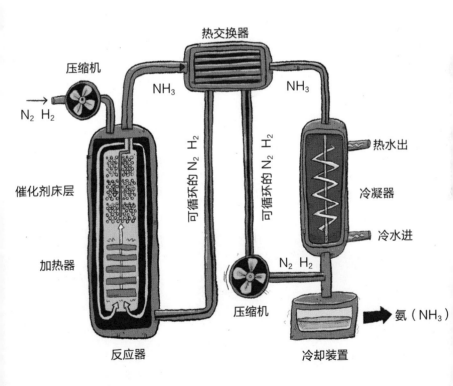

　　氨至关重要，因为植物可以利用它来获取氮。没有氮，植物就无法制造将阳光转化为能量的细胞。

　　在哈伯法问世之前，最丰富的氮肥来源是鸟粪（正如我们石器时代的化学家在第五章中所使用的）。

　　整个南美洲的经济都建立在从太平洋岛屿上开采积累了数千年的鸟粪的基础上。

　　但问题是，这些鸟生产粪便的速度不够快。根据当时可用的鸟粪量，维多利亚时期（约 19 世纪中后期）的人曾认为世界人口注定会崩溃。

　　因为一旦鸟粪耗尽，庄稼就会死亡——接着就是我们人类。

　　但是使用哈伯法所产生的氨比鸟类带来的要多很多。如今，工厂每年使用哈伯法能够生产超过 1.5 亿吨的氨。

　　利用这种技术能够养活的人口比维多利亚时期的人们想象的还多出数十亿。

　　也就是说，如果没有哈伯法，如今我们一半的人口都无法生存。

托马斯·米吉利

托马斯·米吉利是一位既优秀又糟糕的发明者。

他很优秀，因为他的发明改变了世界上每一个人的生活。

然而同时，这些改变也不一定就是好事。

1924 年 10 月，米吉利召开了新闻发布会。一些记者对他的新发明提出了异议，这种能使汽油发动机更加平稳运行的化学成分是否也存在着短板和弊端呢？

米吉利要证明他们是错的。所以他拿起一罐被提起争议的四乙基铅，直接倒在手上，并闻了闻。

接着他说道："看，完全没有问题吧。"

虽然令人难以置信，但在那时，即使是他本人也不曾知道真相。在制造这种化学品的工厂里，有工人产生幻觉、变得疯癫，甚至死亡。

但在接下来的 70 年里，他的发明仍然成为化学中最重要的添加剂之一：世界上的汽车都在使用"含铅汽油"。

科学家们现在了解到，当时的每个人其实都在不知不觉中受到了轻微的毒害。

许多人认为这种化学品会造成轻微的脑损伤，降低智商甚至能够改变人的行为。直到 20 世纪 90 年代它才被逐步淘汰。

对于大多数人来说，这已经够受的了，但米吉利的第二大发明简直像是在以一种完全不同的方式摧毁这个星球。

但这确实不能怪他本人，至少这一次是。

没有人能预料到，他为了让冰箱更高效工作而开发的氟利昂，会带来如此夸张如此严重的后果。

它会耗尽地球的臭氧层——由臭氧气体组成的保护层，可以抵御来自太阳的危险射线。于是到 20 世纪末，氟利昂也被逐渐淘汰掉了。

然而米吉利并没能见证这一天的到来。他在 20 世纪 40 年代患上了脊髓灰质炎，并因疾病而变得愈加虚弱，这带来了他的第三项发明——一套复杂的滑轮系统，让他能够起身。

和之前的发明一样，这个滑轮系统也存在一个严重的缺陷。

但不同的是，这次只有他一个人成为受害者：米吉利被该装置中的滑轮绳索紧紧缠住，窒息而死。

一句话总结：不要招惹大气层。

你需要知道的

- 哈伯法通过加热、加压和使用催化剂将氮和氢转化为氨，氨是植物生长所需的肥料。

- 二氧化碳和甲烷等温室气体通过反射长波辐射来捕获热量，它们让地球保持足够温暖以供生命生存。但过多的温室气体会导致气候的变化。

- 如今的大气中含有 78% 的氮，21% 的氧，还有微量的其他气体，包括二氧化碳。

- 早期的大气中含有更多的二氧化碳。它们被海洋吸收，或通过光合作用被植物吸收。

- 由于植物光合作用，氧气含量增加了。

穿越时空的化学之旅

第9篇：火药

亚历山大大帝是否曾经被迫在粪堆上解手呢？克莱尔问自己。恺撒是否曾经遭受过花费数月时间在陈腐的尿液中添加新的尿液，然后和翻烂了的动物粪便混合的屈辱？

不，应该不会。不过她提醒自己，恺撒最后被刺杀了。

一路走来，克莱尔又有了新的雄心壮志。

当一个远古时期的农民虽然很有趣，也很有成就感，但在迎来第一次和第二次收割季节之后，她发现自己心痒难耐。那是一种野心。

就像在她原本的生活中，也有某种力量促使她为化学考试努力复习那样。

她想要带给石器时代的人们更多——一个更辉煌、更崇高的未来，一个可能只涉及一丁点儿不确定性的未来……怎么说呢？

啊，是的：征服世界。

首先，她需要把尿液的配方搞清楚，因为尿液不仅仅可以用来浇灌植物，也是迈向比燧石斧更强大的东西的第一步。

有了新目标，克莱尔又干劲十足了。她把新收集的尿液倒入混有稻草和灰烬的粪堆中。

这是一项终极工程，她已经进行了将近一年。为完成这项计划，她需要炭。不过这不是问题。

她还需要硫。这里，人类的摇篮，就坐落在火山附近，硫比比皆是。

但第三种材料就比较难以获得了：硝石。

硝石，也被称为硝酸钾（KNO_3），是一种氧化剂。当它变热时，它不会消耗氧气——反而制造氧气，它开始分解并释放这种气体。

$$2KNO_3 \rightarrow 2KNO_2 + O_2$$

为了获得硝石，克莱尔开始收集尿液。

经过几个月的集粪成堆，然后向上面泼洒尿液，神奇的事情发生了。被尿液浸湿的粪堆上出现了一层白色晶体。

这些白色晶体中便含有大量硝酸钾。

这还没有结束。这些晶体中虽然含有大量硝酸钾，但浓度还不够。

克莱尔将晶体溶解在水中，用大量木炭过滤溶液，然后把溶液在阳光下晒干，这样得到的晶体浓度就可能足够高了。

克莱尔兴奋地碾碎最后得到的白色晶体，小心地将它们按一定比例与细磨的木炭和硫黄混合。（请不要尝试！）

接着她退后一步，用一根很长的薄木片点燃了混合物。

接下来的事情就发生得很快了。正如她所料，木炭和硫黄开始燃烧——它们开始氧化。

这个过程中，硝酸钾被加热，并释放出氧气。于是燃烧不再受空气中氧气含量的限制，混合物自身就可以制造氧气。

它燃烧得越来越剧烈。

或者，换句话说，它爆炸了。

瞬间，克莱尔的眼睛就被火光照花了，慢慢才恢复过来。

她满意地打量着她周围的世界——一个她掌控的世界，一个在她的力量和威严面前会颤抖的世界。

　　她，制造了火药。

科学新闻

考古学家发现 30 万年前的文明

考古学家昨天宣布，他们发掘出一个比我们早至少 27 万年的人类文明。

他们将这一发现描述为"令人难以置信，甚至百思不得其解"。他们称发现了陶器碎片和农业活动的迹象，这比人类理应发展出这一技术的时期早了几十万年。

乔安娜·博芬教授声称这一发现可能会改写我们对人类进化史的理解：

"在那个时期，根本就不可能出现这些技术，这简直与我们所知道的一切背道而驰。

"在非洲的一个偏远地区突然出现了复杂的化学和工程学。但当时，我们作为一个物种才刚刚出现。

"这就像是在古希腊的遗迹里找到一部智能手机。

"最奇怪的发现之一是一组嵌套的陶罐。一位同事坚称它会像一个原始冰箱一样工作，但这也太奇怪了——在物种还只是为生存而奋斗的时候，谁会费心去冷却水呢？"

科学家们表示，有两个最大的问题尚未得到解答。第一个问题是：这个孤立的人类群体是如何如此早地发展出科技的呢？然后，他们后来怎么样了？

"关于他们命运的唯一线索隐藏在最后一层沉积物中。"博芬教授说，"他们似乎被严重烧焦，其中含有大量钾化合物，好像发生了一场火灾，甚至是——这简直荒谬——一场爆炸。"

根据这位教授的说法，我们可能永远不会知晓真正的答案了。

为什么
化学至关
重要？

为什么化学至关重要？

如果你已经从头到尾阅读了这本书，那么你已经了解了化学考试中会出现的大部分基本知识——另外你还收获了许多课程大纲之外的科学知识。

最后，你也许会想：那又怎样呢？又有什么关系？

化学围绕原子展开，而原子是那么渺小，小到肉眼根本看不到，甚至比你能想象到的要小得多。我们为什么需要知道这些？

答案——或者至少是一种答案——可能就在约翰·古迪纳夫 2019 年秋季访问英国时向外眺望的房间里。因为对锂化学研究做出的巨大贡献，古迪纳夫教授在这里被授予了科普利奖章。

科普利奖是最古老的科学奖之一。18 世纪以来，它一直由世界上最古老的科学院——英国皇家学会颁发。过去的获奖者包括查尔斯·达尔文和罗伯特·本生（是的，本生灯的本生）。换句话说，这是一个很难被超越的奖项。

但那天早上，当这位 98 岁的化学家眺望皇家学会的图书馆时，他就超越了这个奖项。

正当古迪纳夫教授准备拿起科普利奖章时，他接到了瑞典打来的电话，他获得了诺贝尔奖。

于是突然之间，似乎每个人都对锂离子相关的化学产生了浓厚的兴趣。"锂有什么特别之处？"参加这次活动的记者问道——每个人都举着录音机，其电能来源正是锂。

"为什么？我们应该关心这个元素吗？"举着摄像机的电视台工作人员重复问道，他们把摄像机对准了古迪纳夫教授，等待着他的回答。他们的摄像机也正是靠着锂离子从一个电极移动到另一个电极才得以正常工作。

30多年前，古迪纳夫教授通过化学创造了世界历史上最具革命性的发明之一：锂离子电池。没有它，就没有手机，也没有笔记本电脑和平板电脑。

每天，在全世界数以亿计的设备中，无数的锂离子缓慢地从电池的一侧移动到另一侧。

当它们全部移动到一侧，我们就将电池接入电源——它们就又都转移到了另一侧，我们就又可以重新使用它了。这种技术使我们能够以前所未有的效率实现移动充电。

尽管只是约翰·古迪纳夫教授一人获奖，但这背后还有无数其他人的贡献。

有首先对元素进行分类的科学家，有最开始了解离子到底是什么的科学家，也有在维多利亚时代（约19世纪中后期）研究如何利用电化学的人。他们一起创造了一场革命。

他们也是普通人，像你和我一样。因此，当你在为考试复习时，请记住，化学不仅仅是一个个枯燥的化学方程式，它更是一门由那些不仅想了解世界如何运作，还想了解为什么会这样的人所创造的学科。

但那天早上，当被问到研究成果的影响时，古迪纳夫教授并没有这样回答。他用手轻轻地敲了敲自己的左胸。

那里有一个起搏器。几年前，他曾有过心脏问题，那差点要了他的命。他之所以还好好活着，是因为这个起搏器每分钟会发出几十次脉冲电流，使他的心脏能保持正常运作。

他解释说，这是由锂驱动的。他所研究的化学为他带来了声望与荣誉，同时也拯救了他的生命。

附录

元素周期表

元素周期表

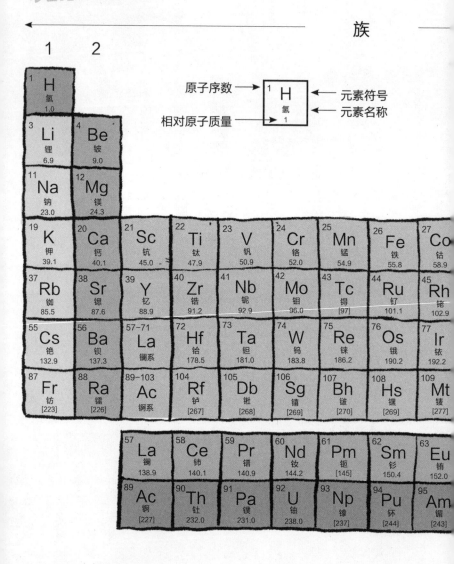

| 3 | 4 | 5 | 6 | 7 | 0 |

| | | | | | 2 He 氦 4.0 |

| 5 B 硼 10.8 | 6 C 碳 12.0 | 7 N 氮 14.0 | 8 O 氧 16.0 | 9 F 氟 19.0 | 10 Ne 氖 20.2 |
| 13 Al 铝 27.0 | 14 Si 硅 28.1 | 15 P 磷 31.0 | 16 S 硫 32.1 | 17 Cl 氯 35.5 | 18 Ar 氩 40.0 |

28 Ni 镍 58.7	29 Cu 铜 63.5	30 Zn 锌 65.4	31 Ga 镓 69.7	32 Ge 锗 72.6	33 As 砷 74.9	34 Se 硒 79.0	35 Br 溴 79.9	36 Kr 氪 83.8
46 Pd 钯 106.4	47 Ag 银 107.9	48 Cd 镉 112.4	49 In 铟 114.8	50 Sn 锡 118.7	51 Sb 锑 121.8	52 Te 碲 127.6	53 I 碘 126.9	54 Xe 氙 131.3
78 Pt 铂 195.1	79 Au 金 197.0	80 Hg 汞 200.6	81 Tl 铊 204.4	82 Pb 铅 207.2	83 Bi 铋 209.0	84 Po 钋 [209]	85 At 砹 [210]	86 Rn 氡 [222]
110 Ds 𫟼 [281]	111 Rg 𬬛 [282]	112 Cn 鿔 [285]	113 Nh 𬭊 [286]	114 Fl 𫓧 [290]	115 Mc 镆 [290]	116 Lv 𫟷 [293]	117 Ts 𬜯 [294]	118 Og 𬜻 [294]

| 64 Gd 钆 157.3 | 65 Tb 铽 158.9 | 66 Dy 镝 162.5 | 67 Ho 钬 164.9 | 68 Er 铒 167.3 | 69 Tm 铥 168.9 | 70 Yb 镱 173.1 | 71 Lu 镥 175.0 |
| 96 Cm 锔 [247] | 97 Bk 锫 [247] | 98 Cf 锎 [251] | 99 Es 锿 [252] | 100 Fm 镄 [257] | 101 Md 钔 [258] | 102 No 锘 [259] | 103 Lr 铹 [262] |

221

元素周期表——族

金属

　　大多数元素都是金属。它们通常都很坚固，可以导热导电，并且具有高熔点——这意味着它们在室温下基本都是固体。金属元素在化学反应中很容易失去外层电子（更多信息请参见第二章）。

■ 金属

第 0 族（稀有气体）

　　除氦的最外层电子数是 2 个外，其他稀有气体最外层都是排满了 8 个电子。这些元素不会获得或失去电子，因此很少发生化学反应。0 族元素越往下，沸点越高——但与其他元素相比，它们的沸点仍然很低。

■ 第 0 族（稀有气体）

第 1 族（碱金属）

碱金属的最外层均只有 1 个电子。它们很容易失去这 1 个电子，这意味着它们很容易发生化学反应——任何把钾扔进水槽的人都知道（千万不要把钾扔进水槽！）。

当钾（或这些金属中的任何一种）与水反应时，会生成氢氧化钾（或其他氢氧化物）和氢气。它们也很容易与氧气发生反应生成金属氧化物。

同一族中越向下，元素越活泼。因为越往下，最外层的电子离原子核越远，也就越容易逃脱。

								H									He
Li	Be											B	C	N	Ó	F	Ne
Na	Mg											Al	Si	P	S	Cl	Ar
K	Ca	Sc	Ti	V	Cr	Mn	Fe	Co	Ni	Cu	Zn	Ga	Ge	As	Se	Br	Kr
Rb	Sr	Y	Zr	Nb	Mo	Tc	Ru	Rh	Pd	Ag	Cd	In	Sn	Sb	Te	I	Xe
Cs	Ba	La	Hf	Ta	W	Re	Os	Ir	Pt	Au	Hg	Tl	Pb	Bi	Po	At	Rn
Fr	Ra	Ac	Rf	Db	Sg	Bh	Hs	Mt	Ds	Rg	Cn	Nh	Fl	Mc	Lv	Ts	Og

■ 第 1 族（碱金属）

第 7 族（卤素）

这些元素的最外电子层都离排满还差一个电子——它们极其渴望获得那一个电子，以形成一个完整的最外电子层。它们容易与金属结合。例如，氯和钠结合在一起，形成氯化钠，也就是食盐。

同族中越向下的元素拥有越多的电子层，反应活性就越低，并且会有更高的熔点和沸点。

有时在化学反应中，反应活性较高的卤素会取代反应活性较低的卤素。例如：氯 + 碘化钾 → 氯化钾 + 碘。（卤素互换了位置）

■第7族（卤素）

过渡金属

与第1族中的金属不同，它们的熔点非常高，并且通常非常坚固、致密和坚硬。它们的反应活性也较低。

■ 过渡金属

****** 在您向我们发送信件之前 ******

我们对文中出现的一些错误进行了解释或修改：

[*1] 好吧，不包括氢——因为它没有中子。

[*2] 实际上，这种对原子常见的描述并没有触及它的不寻常之处。虽然大多数画着原子的图片都显示电子在其原子核周围运动，但如果按比例绘制，并将电子和原子核放在同一张 A4 纸上，它们都会小得看不见。

如果原子核有篮球那么大，那么它的第一个电子将在它的 13 000 千米之外——这可是横穿地球的距离。

这样看来，原子几乎完全是空的。不过……电子并不是固定的点，而是以一种"概率波"的方式广泛分布在电子轨道上，所以原子其实一点都不空。

还有，有些轨道根本不围绕原子核。

[*3] 实际上，第三层最多能装下 18 个，但其中 10 个被隐藏了起来。它们将会在第 6 条发挥作用。

[*4] 除了鸭嘴兽和针鼹，它们是会产卵的哺乳动物。

[*5] 你可能已经猜到了，它们并没有那么简单。事实上，元素周期表中给出的原子相对质量与这些数字略有差异。

[*6] 你会注意到，这些族被标号为 0 到 7。但是在三列之后，一个相当庞大的、未被标号的族插了进来。这些便是过渡金属。它们的存在是因为那 10 个恼人的隐藏电子的空间。在这些金属中，这些额外的空间都被填满了——一切也就变得不那么整齐了。

原因之一是中子和质子的质量并不完全相同。另一个原因是将它们结合在一起的能量中含有了一点质量（只需要使用爱因斯坦的公式 $E=mc^2$ 计算）。

最后一个原因（不需要理解复杂的理论物理和爱因斯坦的质能方程）在第一章的同位素部分有所解释。

致　谢

在撰写这本书的过程中，我多次仿佛回到了自己的学生时代，看到那些第一次试图向我解释这些知识概念的人们。

孩子们脑海中关于老师的记忆会比老师对孩子的记忆更长久、更清晰。我的大多数老师可能早就忘记我了——但我不会忘记他们，或者说，不会忘记他们教给我的（部分）东西。

在本书中我也从学生的角色变成了一位老师，而这让我意识到他们的工作有多么艰巨——而且他们中的许多人是那样出色地完成了这份工作。我要感谢他们所有人，特别是夏尔玛先生、卡曾斯先生、珀金斯先生和奥克斯先生（即使25年过去了，大家还是只用姓称呼老师们），他们引导我完成了普通中等教育科学、数学和其他科目的学习。沙恩·亨利是我的一位好友，后来成为一名优秀的化学老师，他帮忙对本书进行了校对。玛丽·克尔也是如此——她是一名化学考官，也是化学老师，她对德米特里·门捷列夫有一点迷恋。最后但同样重要的，是我亲爱的姑姑海伦·莫蒂默。他们遗漏的内容不会逃过她的火眼金睛。如有错误，都是我的责任。

我还要感谢英国沃克出版社的丹尼斯·约翰斯通-伯特和简·温特博瑟姆，他们提出了这个想法，以及杰米·哈蒙德，他让这本书变得如此漂亮，这是我完全无法想象的。说到漂亮，所有精美的插图都来自詹姆斯·戴维斯。

优秀编辑的衡量标准是，当你收到他们的注释和更正时，你首先会觉得很愚蠢，甚至充满了深深的恶意，最后——几个小时后——你会认为他们一直都是对的并且接受了他们的意见。贝基·沃森是一位非常出色的编辑，我感谢她的坚持、勤奋和一丝不苟。

我的经纪人莎拉·威廉姆斯坚持不懈地将一些相当不拘一格的想法变成了一本人们愿意买下的书。她的支持和建议对我来说非常宝贵。

《泰晤士报》让我享有一个有趣的特权，让我每天与科学家们聊天，谈论他们的研究工作。

最后，我要感谢凯瑟琳。一个由两位作者组成的家庭在过去六年中出版的书籍是孩子数量的两倍（对孩子也并不吝惜陪伴的时间），这种压力可想而知。多亏了凯瑟琳，我们才能够一起享受这次合作大冒险。

谨以此书献给我的爸爸，

感谢他耐心回答我从学会说话开始便提出的每一个有关科学的问题。

——汤姆·惠普尔

谨献给我亲爱的布里姬。

——詹姆斯·戴维斯

图书在版编目（CIP）数据

化学笑着学 / (英) 汤姆·惠普尔 (Tom Whipple)
著 ; (英) 詹姆斯·戴维斯 (James Davies) 绘 ; 张爱
冰译 . -- 福州：海峡书局，2023.11（2024.8 重印）
书名原文：GET AHEAD IN CHEMISTRY
ISBN 978-7-5567-1151-2

Ⅰ . ①化… Ⅱ . ①汤… ②詹… ③张… Ⅲ . ①化学—
青少年读物 Ⅳ . ① O6-49

中国国家版本馆 CIP 数据核字 (2023) 第 169134 号

本书中文简体版权归属于银杏树下（北京）图书有限责任公司

著作权合同登记号 图字：13-2023-098 号

出 版 人：林 彬
选题策划：北京浪花朵朵文化传播有限公司　　　　出版统筹：吴兴元
编辑统筹：冉华蓉　　　　　　　　　　　　　　　　责任编辑：林洁如　龙文涛
特约编辑：王方志　　　　　　　　　　　　　　　　营销推广：ONEBOOK
装帧制造：墨白空间·唐志永

化学笑着学
HUAXUE XIAOZHE XUE

著　者：［英］汤姆·惠普尔　　　　　　　　绘　者：［英］詹姆斯·戴维斯
译　者：张爱冰
出版发行：海峡书局
地　址：福州市白马中路 15 号海峡出版发行集团 2 楼
邮　编：350004
印　刷：天津雅图印刷有限公司　　　　　　　开　本：889mm×1194mm　1/32
印　张：7.125　　　　　　　　　　　　　　　字　数：125 千字
版　次：2023 年 11 月第 1 版　　　　　　　　印　次：2024 年 8 月第 3 次印刷
书　号：ISBN 978-7-5567-1151-2　　　　　　定　价：49.80 元

读者服务：reader@hinabook.com 188-1142-1266　　投稿服务：onebook@hinabook.com 133-6631-2326
直销服务：buy@hinabook.com 133-6657-3072　　　官方微博：@ 浪花朵朵童书